Atulkumar P. Prajapati
Parth B. Patel

Quimigação versus aplicação foliar para a gestão do complexo de pragas

Atulkumar P. Prajapati
Parth B. Patel

Quimigação versus aplicação foliar para a gestão do complexo de pragas

Gestão do complexo de pragas do feijão-frade (Vigna unguiculata L.Walp) no sul de Gujarat

ScienciaScripts

Imprint

Cover image: www.ingimage.com

This book is a translation from the original published under ISBN 978-620-7-45521-8.

Publisher:
Sciencia Scripts
is a trademark of
Dodo Books Indian Ocean Ltd. and OmniScriptum S.R.L publishing group

120 High Road, East Finchley, London, N2 9ED, United Kingdom
Str. Armeneasca 28/1, office 1, Chisinau MD-2012, Republic of Moldova, Europe
Printed at: see last page
ISBN: 978-620-7-78542-1

Conteúdo

Dedicando-se a...

A MINHA QUERIDA FAMÍLIA

de quem herdei o interesse pela

CIÊNCIA

O MEU GUIA DE INVESTIGAÇÃO Dr. P. B. PATEL

que me levou a fornecer esta prova de

CIÊNCIA NA NATUREZA

RESUMO

Foram realizadas investigações para avaliar a eficácia de diferentes inseticidas por diferentes métodos de aplicação, conforme o título "Chemigation versus foliar application for management of pest complex of Cowpea (*Vigna unguiculata* L.Walp) under South Gujarat conditions" na Navsari Agr icultural University, Navsari durante o verão de 2018. Os resultados revelaram que a população de pulgões (*Aphis craccivora* Koch.) começou a partir da 4th semana de março, *ou seja,* 13th SMW com 0,56 índice de pulgões, aumentou continuamente e atingiu um nível máximo de 3.0 durante a 3rd semana de maio; a população de pulgões (*Empoasca kerri* Pruthi) começou a partir da 3rd semana de março (12th SMW) com 0.26 pulgões/ 3 folhas/ planta e atingiu um nível máximo de (4.66 pulgões/3 folhas/ planta) na 8th semana após a sementeira i.*e.* 5th semana de abril. (19th SMW) enquanto a população de mosca branca (*Bemisia tabaci* Genn.) começou a 1st WAS, *ou seja,* 3rd semana de março (12th SMW) com 0,66 mosca branca/3 folhas/planta e atingiu um nível máximo de 4,06 moscas brancas por 3 folhas/planta durante 7th WAS na 1st semana de maio (18th SMW). A incidência da broca da vagem do feijão-frade (*Helicoverpa armigera* Hubner) começou a partir de 5th WAS, *ou seja, na* 3rd semana de abril (16th SMW), com o início da formação da flor e da vagem (1,62 larvas/planta) e a população da praga atingiu um nível máximo (2,82 larvas/planta) durante 8th WAS, coincidindo com o pico da formação da vagem, *ou seja, na* 2nd semana de maio (19th SMW) e depois diminuiu gradualmente. A população da broca da vagem manchada (*Maruca vitrata* Fabricius) começou a partir de 4th WAS, *ou seja,* 2nd semana de abril (15th SMW) com 0,24 larvas/planta coincidindo com o início da floração e atingiu um pico de 2,70 larvas por planta durante 8th WAS (19th SMW). Quase todas as pragas de insectos foram encontradas em abundância na 2nd semana de maio, *ou seja,* 8th semana após a sementeira. Entre os vários parâmetros meteorológicos, a precipitação mostrou uma influência significativamente negativa na população de quase todas as pragas e a humidade relativa matinal mostrou uma influência significativamente negativa na população de quase todas as pragas, exceto o jassid e a *H. armigera.*

Dos dez tratamentos insecticidas em diferentes intervalos, os dados indicaram que, entre o tratamento de pulverização foliar, o Imidaclopride 17,8 SL + Cynatraniliprole 10,26 OD foi o melhor na redução de quase todas as cinco principais pragas de insectos, registando 0.89 índice de pulgão, 0,42 mosca branca por folha, entre o tratamento de quimigação Imidacloprid 17,8 SL + Cynatraniliprole 10,26 OD 0,54 larva de broca de vagem por planta e 0,89 larva de broca de vagem manchada por planta, exceto jassid. Entre todos os tratamentos, incluindo quimigação e pulverização foliar, o rendimento máximo de vagens secas (13,46 q/ha) e o aumento percentual máximo do rendimento em relação ao controlo (96,29%) foi registado no tratamento Imidacloprid 17,8 SL + Cynatraniliprole 10,26 OD.

No que diz respeito ao BCR, o BCR mais elevado (1:6,63) foi registado no tratamento Imidaclopride 17,8 SL + Cynatraniliprole 10,26 OD pelo método de quimigação. Seguiram-se os tratamentos Imidaclopride 17,8 SL + Cynatraniliprole 10,26 OD (1:6,07) e Imidaclopride 17,8 SL + Chlorantraniliprole 18,5 SC (1:6,07) por pulverização foliar e quimigação, respetivamente.

Pode concluir-se desta experiência que a quimigação ajuda a reduzir os custos de mão de obra, o tempo e os problemas de deriva pelo vento e também dá a mesma eficiência em termos de gestão de pragas em comparação com a pulverização foliar.

RECONHECIMENTO

Antes de mais, devo e exprimo o meu profundo sentimento de gratidão e o meu total respeito a Deus por me ter fornecido continuamente a energia espiritual que me inspirou a atingir este nível. Ninguém conseguiria alcançar o que é atualmente sem a ajuda, o encorajamento e os desejos dos que lhe são próximos e queridos. Os professores, os pais, os amigos e os simpatizantes são parte integrante deste processo.

Desejo expressar o meu profundo sentimento de gratidão, grande respeito e reverência ao meu orientador principal, **Dr. Parth B . Patel,** Investigador Assistente, Unidade de Investigação em Gestão do Solo e da Água, Universidade Agrícola de Navsari, Navsari, pela sua ajuda constante, sugestões valiosas e interesse sustentado ao longo dos meus estudos, trabalho de investigação e preparação da tese. Senhor, agradeço-lhe o seu encorajamento imparcial e simpático na conclusão da minha pós-graduação, não só como meu grande guia, mas também como um iluminador.

É com grande prazer que obtenho este orgulhoso privilégio, apresentando os meus mais sinceros e dedicados agradecimentos ao meu orientador menor, **Dr. H.D.Bhimani,** Professor Associado, e a outros membros do meu comité consultivo, **Dr. G.G.Radadiya**, Professor e Diretor do Departamento de Entomologia, e ao **Prof. J. R. Naik**, Professor Associado do Departamento de Estatística Agrícola, pela valiosa ajuda prestada durante o período de estudo.

Estou sinceramente grato ao **Dr. J. J. Patel,** Professor e Diretor do Departamento de Entomologia COA, NAU, Bharuch, ao **Dr. L. V. Ghetiya,** ao **Dr. Abhishek Shukla,** ao Dr. **C. U. Shinde,** ao **Dr. M. R. Siddhpara** e ao **Dr. S. R. Patel.**

Estou muito grato ao **Dr. C. J. Dangariya**, Hon. Vice-chanceler, Navsari Agricultural University, Navsari e ao **Dr. M. K. Arvadiya**, respeitado Diretor, N. M. College of Agriculture, Navsari, por disponibilizarem as instalações necessárias durante o curso dos estudos. Agradeço também ao **Prof. J. R. Naik** pela análise estatística da minha experiência. Os meus enormes agradecimentos aos membros académicos da faculdade, que me ajudaram em todas as fases do meu programa de mestrado.

Estou muito grato a todo o pessoal do escritório da Unidade de Pesquisa de Gestão do Solo e da Água, (S.W.M.R.U.) N.A.U., Navsari e, em especial, ao Dr. K. K. Patel, diretor agrícola (S.W.M.R.U.), ao Dr. Rameez Mansuri, ao Sr. Mukesh Zinzala, ao Dr. Pratik, à Sra. Shivani, ao Prakash bhai, ao Maharaj e a todos os outros trabalhadores de campo por me fornecerem material de investigação para a minha experiência de investigação e por me terem dado apoio direto e indireto durante o curso da minha experiência de investigação na (S.W.M.R.U.), N.A.U., Navsari.

É com grande prazer que reconheço a grande ajuda que me foi prestada pelo corpo docente e não docente da N. A. U., Navsari, pela sua amável cooperação e valiosa ajuda durante os meus estudos e trabalho de investigação. Agradeço também à biblioteca central da N. A. U., pela disponibilização de literatura valiosa que me ajudou muito nos estudos e no trabalho de investigação.

Estou muito grato ao Sr. Vishwash R. Acharya (Wasu), futuro criador, pela sua bondade, cuidado e afeto para comigo e por me dar força sempre que necessário.

Agradeço também aos meus superiores Nikul Berani, Dr. Dhaval Bhadani, Zinzubhai , Jayesh Prajapati, Surani pratik, Saifali chaudhari, Jigabhai, kamalbhai, e Hiralbhai e aos meus juniores que me ajudaram muito e tornaram este trabalho possível. Gostaria de agradecer aos membros do pessoal do Departamento de Entomologia de Navsari pela sua ajuda direta e indireta.

A título pessoal, tenho o prazer de mencionar o apoio mental sincero, as palavras de encorajamento, o amor sem limites, a inspiração incansável, o interesse e os sacrifícios *altruístas dos meus amigos mais queridos, Ankur desai, Bobby Patel, Atul Mohapatra, Sayam Patel, Hashmukh kanetiya, Parth patel, Hiren chaudhry, Mayank patel e*

Expresso o meu profundo sentimento de gratidão e afeto aos meus queridos familiares, o pai, Sr. Pravin I Bhalgama, a mãe, Sra. Parvati, o irmão, Dr. Ashwin Bhalgama, a irmã, Sra. Mittal, e outros membros da família pelo seu amor sem limites, orações sinceras, afeto filial, cuidados e encorajamento que me ajudaram muito

para chegar a esta fase. Estão presentes em todas as etapas do caminho; dão-me a mão durante toda a longa viagem. São a força para mim, sem a qual este sonho não se poderia tornar realidade. Considero-me muito sortudo por ter uma família tão afectuosa.
A apresentação que se segue é o trabalho assistido por muitas mãos e mentes, visíveis e invisíveis, e estou grato a todos eles.

(A. P. Prajapati)

1 Introdução

As leguminosas foram reconhecidas como a principal fonte de proteínas alimentares para o ser humano. A cultura de leguminosas ajuda a restaurar a fertilidade do solo, fixando o azoto atmosférico no solo através da fixação simbiótica de azoto com a ajuda de uma bactéria chamada *Rhizobia*. Assim, cada planta de leguminosas actua como uma mini-fábrica de fertilizantes. O feijão-frade é uma das principais culturas de leguminosas no nosso país, que satisfaz diariamente as necessidades alimentares da maioria da população vegetariana.

O feijão-frade teve origem na época védica, na região da Savana da África Ocidental e Central (Colbey e Steele, 1976). Na Índia, é cultivado principalmente como cultura única, tanto na época *da kharif como no* verão, sendo também frequentemente cultivado como cultura intercalar ou mista, juntamente com cereais. É cultivada em África, na Ásia e na Austrália.

O feijão-frade é vulgarmente conhecido como *Chala, Choli, Chavli, Lobia, Bobbarlu*, ervilha do Sul e feijão-frade. Como cultura tolerante à seca e de clima quente, o feijão-frade está bem adaptado às regiões mais secas dos trópicos, onde outras leguminosas alimentares não têm bom desempenho. Cresce bem em solos pobres com mais de 85% de areia e com menos de 0,2% de matéria orgânica e baixo nível de fósforo.

Além disso, é tolerante à sombra e compatível com o milho, o painço, o sorgo, a cana-de-açúcar e o algodão. A importância desta cultura reside na sua versatilidade enquanto forrageira, hortícola, leguminosa verde e cultura de adubo verde. É consumido em diferentes formas, como sementes verdes, vagens verdes e grãos secos. O grão de feijão-frade contém 22 a 28% de proteínas, 1,8% de gordura e 60% de hidratos de carbono (Singh, 1983). Além disso, é uma fonte rica de cálcio e ferro. É também uma fonte importante de energia, minerais, vitaminas e alimentos grosseiros. De acordo com a base de dados alimentar do USDA, as folhas do feijão-frade têm a maior percentagem de calorias provenientes de proteínas entre os alimentos vegetarianos.

Na Índia, a área total cultivada com leguminosas é de 23,10 milhões de hectares, com uma produção total de 117,19 milhões de toneladas e uma produtividade de 5,07 t/ha. Em Gujarat, a superfície total cultivada com leguminosas é de 0,70 milhões de hectares, com uma produção total de 0,58 milhões de toneladas e uma produtividade de 1,20 t/ha. Em Gujarat, a área cultivada com feijão-frade é de 0,52 milhões de hectares e a produção de 0,35 milhões de toneladas, com uma produtividade de 1,48 t/ha. (Anónimo, 2018)

Entre as limitações responsáveis pelo baixo rendimento de importantes culturas de leguminosas, a perda devida a uma praga de insectos é considerada uma das mais importantes. A cultura é muito danificada por um certo número de pragas de insectos. Os insectos danificam as plantas ao alimentarem-se das folhas, dos gomos, das flores e das vagens; actuam também como vectores de doenças. Apesar de estarem a ser feitos todos os esforços para realizar o seu rendimento potencial, o ataque de insectos é responsável por perdas de rendimento até 90%. (Raheja, 1976)

Foram registadas 21 pragas de insectos de diferentes grupos que danificaram a cultura do feijão-frade desde a germinação até à maturidade. Os insectos importantes que atacam as culturas de feijão-frade são o pulgão, *Aphis craccivora* Koch. (hemiptera: Aphididae), a cigarrinha, *Empoasca kerri* Pruthi (hemiptera:Cicadellidae), o tripes, *Megaleurothrips distalis* Karny, (Thysanoptera:Thripidae), a mosca branca, *Bemisia tabaci* (Aleyroidae:hemípteros), *Helicoverpa armigera* (Noctudiae:Lepidoptera), *Maruca vitrata* (Pyralidae: Lepidoptera) foram observados no feijão-frade durante as estações do *verão* e *da colheita* (Sardhana e Verma,1986).

Entre as diferentes pragas de insectos prejudiciais, o afídeo causa perdas significativas de rendimento até 20-40 por cento na Ásia e até 35 por cento em África. A ninfa e os adultos do afídeo sugam a seiva celular da planta hospedeira. Os danos causados à cultura resultam numa drenagem profusa da seiva da planta e no desenvolvimento de orvalho melífero que leva à formação de bolor negro fuliginoso nas folhas e à queda das folhas (Kotadia e Bhalani, 1992). Sabe-se que um vírus "Rosette" é transmitido por este afídeo (Atwal, 1976).

Singh e Van Emden relataram em 1979 que o Jassid causa uma redução significativa na produção de até 39%. Os sintomas de danos são a descoloração amarela caraterística dos bordos das folhas, seguida de uma escavação das folhas, principalmente para baixo nos bordos.

A broca da vagem do feijão-frade causa danos atacando várias partes da planta, *nomeadamente* folhas, botões, flores e vagens do feijão-frade. As larvas jovens alimentam-se das folhas e as larvas da fase posterior alimentam-se das vagens, introduzindo a cabeça na vagem e mantendo o resto do corpo fora. Alimenta-se das vagens fazendo buracos circulares.

As larvas jovens da broca do feijão-frade danificam os rebentos terminais e os botões florais, enquanto as larvas mais velhas danificam as flores abertas e as vagens. As larvas fazem teias nas flores ou inflorescências com as folhas e vagens adjacentes, alimentando-se do interior da massa de teias. As larvas mais velhas são altamente móveis, alimentando-se continuamente das flores e das vagens recém-formadas e causando danos graves durante todo o ciclo reprodutivo da cultura. As flores infestadas não se desenvolvem em vagens, enquanto as vagens infectadas ficam malformadas. Cerca de 21,30% dos danos nos frutos foram estimados devido a *Helicoverpa armigera* e 17,37% por *Maruca vitrata*. (Singh e Emden, 1979)

O estudo do complexo de pragas é a componente essencial para que o aspeto entomológico se inicie em qualquer cultura. A informação relativa à dinâmica populacional e à avaliação de diferentes técnicas de insecticidas em culturas de curta duração como o feijão-frade é útil para os agricultores gerirem a população de pragas.

Os insecticidas convencionais, como os hidrocarbonetos clorados, os orgaofosfatos, os carbamatos e os piretróides, foram bem sucedidos no controlo das pragas de insectos durante as últimas cinco décadas. A utilização extensiva de insecticidas levou ao desenvolvimento generalizado de resistência em muitas espécies de insectos. É necessário desenvolver métodos novos e eficazes para controlar os insectos que adquiriram resistência.

A rega gota-a-gota ou gota-a-gota pode ser definida como um método de distribuição uniforme de água para a zona radicular de uma planta através de fontes pontuais ou lineares (emissores) sobre ou abaixo da superfície do solo, a uma pequena pressão de funcionamento (Dasberg & Or, 1999). Os sistemas modernos de rega gota-a-gota usam baixa pressão (~34.48-68.95 kPa [5-10 psi]) para forçar a água através de tubos de plástico ou metal com emissores espaçados em intervalos regulares ao longo do seu comprimento para fornecer água à zona radicular da planta e pode ser um sistema de superfície (tubos no topo do solo) ou um sistema de subsuperfície

(tubagem enterrada sob o solo). A poupança de água com a rega gota-a-gota pode chegar aos 80% em comparação com outros métodos de rega (Bogle & Hartz, 1986).

As vantagens da injeção de inseticidas por gotejamento sobre os métodos de aplicação no solo incluem uma distribuição uniforme do inseticida por todo o campo, uma redução nos insumos de aplicação de pesticidas, incluindo mão de obra e combustível de veículos ou tratores, redução na compactação do solo, perturbação das plantas e exposição do aplicador aos pesticidas. Os insecticidas aplicados através de um sistema de irrigação gota a gota podem substituir ou reduzir o número de pulverizações foliares de insecticidas, reduzindo os riscos para as espécies não visadas.

De um modo geral, os insecticidas neonicotinóides (imidaclopride, tiametoxame, acetamipride) são insecticidas importantes e muito utilizados contra quase todas as pragas sugadoras, como afídeos, jassídeos, fungos, moscas brancas e minadores de folhas. O clorantraniliprole e o cinatraniliprole são insecticidas diamidas, extremamente tóxicos para as pragas de lepidópteros e que provocam uma contração discriminativa do corpo das larvas após a ingestão deste inseticida, sendo seguro para os seres humanos.

Para verificar a eficácia e a fitotoxicidade contra as pragas de insectos do feijão-frade, foram utilizados diferentes grupos de insecticidas, aplicados por quimigação e por via foliar, e também para reduzir os custos de pulverização repetida.

No decurso do presente inquérito, foram estudados os seguintes aspectos.

Objectivos

1. Estudar a dinâmica populacional dos principais insectos-praga do feijão-frade e a sua correlação com diferentes factores abióticos
2. Estudar a avaliação de diferentes métodos de aplicação de insecticidas

2 Revisão da literatura

O feijão-frade é vulnerável ao ataque de muitas pragas de insectos, desde a germinação até à colheita. Entre as várias pragas de insectos sugadores que infestam esta cultura, observaram-se pulgões, *Aphis craccivora* (Koch); jassídeos, *Empoasca kerri* (Pruthi) e moscas brancas, *Bemisia tabaci* (Genn), bem como pragas de insectos do tipo broca, como a broca da vagem do feijão-frade, *Helicoverpa armigera* e a broca da vagem manchada do feijão-frade, *Maruca vitrata,* no distrito de Navsari, no Estado de Gujarat. A literatura disponível relacionada com os diferentes aspectos dos estudos actuais na Índia e no estrangeiro foi revista e apresentada sob os seguintes títulos.

1.1 Estudar a dinâmica populacional dos principais insectos-praga do feijão-frade e a sua correlação com diferentes factores abióticos.

1.2 Estudar a avaliação de diferentes métodos de aplicação de insecticidas.

1.3 Estudar a dinâmica populacional dos principais insectos-praga do feijão-frade e a sua correlação com diferentes factores abióticos.

Faltam informações sobre a dinâmica populacional do complexo de pragas do feijão-frade em relação aos parâmetros climáticos, especialmente nas condições do sul de Gujarat. Por conseguinte, o presente estudo foi realizado para obter informações básicas sobre este aspeto, que seriam úteis para desenvolver estratégias de gestão para suprimir a população da praga.

Durante a revisão da literatura, verificou-se que a informação disponível sobre a incidência sazonal de pragas de insectos do feijão-frade de verão e a sua correlação com os parâmetros meteorológicos era muito escassa e, por conseguinte, a informação sobre outros hospedeiros relacionados também é aqui revista.

2.1.1 Pulgão (*Aphis craccivora* Koch.)

Adipala *et al.* (1990), com base nos resultados do inquérito de diagnóstico e das avaliações nas explorações agrícolas, constataram que *o Aphis craccivora* é o principal inseto praga vegetativa do feijão-frade no Uganda. Após 2-3 semanas de emergência do feijão-frade, mais de 30% das plantas de feijão-frade já apresentavam uma elevada densidade populacional de 100-300 afídeos por planta. Também observaram infestações pesadas de afídeos no feijão-frade na fase de plântula, o que levou à destruição total da cultura, e sugerem que as pragas mais importantes do feijão-frade no Uganda incluem *Aphis craccivora, Maruca vitrata* e insectos sugadores de vagens (particularmente *Clavigralla* sp.)

Srikanth e lakundi (1990) realizaram uma experiência de campo no verão, em Bangalore, para estudar as flutuações sazonais da população de afídeos do feijão-frade (C.V. C105) e verificaram que o ataque de afídeos (8,1 afídeos/planta) começou após a primeira semana de crescimento da cultura e depois aumentou progressivamente até atingir um pico (318,4 afídeos/planta) e depois as populações de afídeos diminuíram durante a formação das vagens e continuaram até à maturidade da cultura. Também referiram que o pico da população de pulgões coincidiu com a fase de formação das vagens da cultura, o que sugere o pico da qualidade nutricional da planta para a multiplicação de pulgões.

De acordo com Pai e Dhuri (1991a), a população de *A. craccivora* apareceu na segunda semana após a germinação e continuou a atingir o seu pico na segunda semana de novembro (10th semana após a germinação) e depois diminuiu gradualmente na cultura de feijão-frade *rabi* em Dapoli, Maharashtra.

Patel (2006) revelou que a população de afídeos começou no feijão-frade a partir da primeira semana após a sementeira (WAS), *ou seja, na* quarta semana de fevereiro, tendo aumentado

até à terceira WAS e atingido o nível máximo coincidindo com a segunda semana de março, após o que a população de afídeos não foi observada durante todo o período de cultivo.
Prasad e Rao (2008) realizaram uma experiência com amendoim para estudar o efeito dos parâmetros bióticos na atividade de *A. craccivora* e os estudos de correlação revelaram que a humidade relativa matinal e vespertina eram significativamente positivas, enquanto a temperatura mínima mostrava uma correlação negativa durante a estação *rabi*. Durante o verão, a temperatura máxima e mínima, a humidade relativa matinal e vespertina e a velocidade do vento mostraram uma correlação negativa significativa, enquanto os parâmetros de fresagem não mostraram qualquer correlação significativa com a população de afídeos.
De acordo com Agostinho (2011), a infestação de pulgões no feijão-frade começou a partir de 3rd semanas após a sementeira, enquanto apresentou um pico de atividade de 7th a 10th semanas após a sementeira (8th SMW) e permaneceu ativa durante todo o período de cultivo. Mostrou uma correlação negativa com a temperatura máxima diária, a velocidade do vento e as horas de sol e teve uma correlação positiva com a temperatura mínima diária, a humidade relativa e a precipitação.
Investigações foram realizadas por Swathi *et al.* (2015) sobre a dinâmica populacional de pragas sugadoras que atacam o feijão-caupi. Os resultados revelaram que a população de pulgões começou a partir da 3rd semana de outubro e atingiu o pico de 3,4 índices de pulgões por planta na 1st semana de dezembro. A humidade relativa nocturna mostrou uma influência significativamente negativa na população de pulgões e a temperatura mínima mostrou uma correlação significativamente negativa com a população de pulgões.
Pooja *et al.* (2019) realizaram estudos sobre a dinâmica populacional durante a estação *Rabi* em Karnataka. O estudo revelou que o pulgão do feijão-frade e o coccinelídeo prevaleceram durante todo o período de cultivo. O pico de incidência de pulgões foi registado em 46th SMW (125,35 pulgões/2,5 cm de comprimento da vagem) com uma população que variou entre 25,70 e 125,35 pulgões/2,5 cm de comprimento da vagem.

2.1.2 Jassid (*Empoasca kerri* Pruthi)

De acordo com o relatório de Vaghashiya (1989), a incidência de jassídeos foi baixa (2 a 2,5 por planta) na fase posterior do crescimento da cultura, em comparação com a fase inicial da cultura do feijão-frade (20 a 40 por planta). A infestação do feijão-frade começou a partir da quarta semana de julho e atingiu um pico (38-45 por planta) na última semana de agosto, durante a *kharif de* 1989, em Gujarat, tendo também revelado que a praga tinha uma correlação negativa com a temperatura e uma correlação positiva com a humidade da manhã e da tarde.
Patel (2006) referiu que a população de Jassid começou a partir da segunda época de colheita, *ou seja, na* primeira semana de março. Inicialmente, a incidência da praga aumentou lentamente e atingiu os dois níveis máximos na quinta e na oitava WAS, coincidindo com a quarta semana de março e a terceira semana de abril, respetivamente. Depois disso, a população de jassídeos diminuiu (3-3,5/planta) e atingiu um nível baixo na altura da colheita. Além disso, também encontrou uma correlação positiva com a humidade da manhã e da noite.
Patel *et al.* (2010) mencionaram que a população de cigarrinhas, *E. kerri,* no feijão-frade começou na primeira semana de março, aumentou gradualmente e atingiu o pico (2,83 cigarrinhas/folha) durante a quarta semana de março e depois a população de jassídeos diminuiu e permaneceu a um nível baixo na altura da colheita em Anand, Gujarat.
Swathi *et al.* (2015) realizaram uma experiência para observar a atividade dos principais

insectos-praga do feijão-frade em Navsari, Gujarat. Revelaram que a população de jassid começou a partir de 1st WAS, *ou seja,* (3rd semana de outubro) (0,2 jassid/folha). A incidência desta praga aumentou lentamente e atingiu um nível máximo (3,8 jassídeos/folha) na 8th semana após a sementeira, *ou seja,* (1st semana de dezembro). Depois disso, a população de jassídeos diminuiu gradualmente e atingiu um nível baixo (1,6 jassídeos/folha) na altura da colheita final. Esta praga esteve ativa durante todo o período de cultivo.

Sharma e Singh (2015a) efectuaram investigações sobre a dinâmica populacional de pragas sugadoras no feijão-guandu. Os resultados revelaram que, durante a estação *Kharif* de 2012 e 2013, a população de tripes e de jassídeos foi registada em função da idade da cultura e constataram que a população destas duas pragas aumentou com o aumento da idade da cultura até à fase reprodutiva: 4,06 jassídeos e 6,32 tripes/plantas, respetivamente, aos 48 dias após a sementeira. A fase reprodutiva foi mais vulnerável do que as fases vegetativa e de maturação.

Os estudos sobre a dinâmica populacional das principais pragas da ervilha-de-corda foram realizados por Soratur *et al.* (2017) durante 2016-2017 nos campos agrícolas de Bangalore, na Índia. Observaram que a população de pragas estava a mostrar uma correlação positiva com a temperatura elevada. A atividade dos jassídeos foi observada a partir da 1st semana de setembro de 2016, com 0,85 ninfas por 3 folhas (36.º MW); a população de jassídeos diminuiu de forma constante e atingiu o seu nível mais baixo na segunda semana de outubro.

Anandmurthy (2018) realizou investigações sobre a incidência sazonal das principais pragas sugadoras que atacam o feijão-caupi em Junagadh durante o verão. O resultado revelou que a população de jassídeos começou a partir da segunda semana de março com 0,48 ninfas/planta e atingiu um pico (4,91 ninfas/planta) na primeira semana de maio. Entre os vários parâmetros climáticos, a temperatura máxima mostrou uma correlação positiva significativa com a população de jassídeos no feijão-caupi de verão. Por outro lado, a velocidade do vento mostrou uma influência negativa e as horas de sol brilhante mostraram uma influência positiva na população de todas as pragas sugadoras na cultura do feijão-frade.

2.1.3Mosca-branca (*Bemisia tabaci* Genn.)

Os resultados experimentais de Yadav e Yadav (1983) indicaram que a população de *B. tabaci* foi registada durante todo o crescimento da cultura de feijão-frade em Hissar, Haryana. As fortes chuvas das semanas anteriores, juntamente com uma temperatura ambiente média de cerca de 34° C e uma humidade relativa elevada, proporcionaram condições propícias à atividade de *B. tabaci.*

Faleiro *et al.* (1986) verificaram que *a B. tabaci* era uma praga menor, que ocorria regularmente desde a fase de plântula até à fase de formação de vagens de feijão-frade durante a época de *kharif,* 1983 e 1984, no IARI, Nova Deli.

Pai e Dhuri (1991b) referiram que a população de mosca branca apareceu na primeira semana após a germinação e continuou a aumentar ao longo do crescimento da cultura, com um pico durante a 5th semana de outubro de 1989 em Dapoli, Maharashtra.

Patel (2000) observou que a população de mosca-branca começou a aparecer a partir da segunda época de colheita, ou seja, na primeira semana de março (3-4/planta) e atingiu um nível máximo durante a sétima época de colheita, que coincidiu com a segunda semana de abril. Depois disso, a população de mosca branca diminuiu gradualmente aquando da colheita.

De acordo com Shaonpius e Charanjit (2010), a população de mosca branca foi severamente influenciada pelos parâmetros meteorológicos no feijão-frade em Ludhiana, Punjab, ou *seja,* temperatura, precipitação e humidade relativa. A precipitação afectou negativamente a população, seguida da temperatura e da humidade relativa no feijão-frade de verão.

Nitharwal *et al.* (2013) afirmaram que a população de moscas brancas na grama verde começou a aparecer a partir da primeira semana de agosto e permaneceu ativa durante toda a época de cultivo. A infestação atingiu gradualmente o pico com 10,80 moscas brancas/ 3 folhas durante a *colheita de* 2006 e 1 1,20 moscas brancas/ 3 folhas durante a *colheita de* 2007 na primeira semana de setembro em ambos os anos.

Swathi *et al.* (2015) efectuaram investigações em Navsari, Gujarat, sobre a dinâmica populacional de pragas sugadoras que atacam o feijão-frade. Os resultados revelaram que a população de moscas brancas começou a partir da 3rd semana de outubro e atingiu um nível máximo de 3,7 moscas brancas por folha na 4th semana de novembro. A humidade relativa da noite mostrou uma influência significativamente negativa na população das pragas sugadoras.

Os estudos de Kumar (2018) sobre a dinâmica populacional da mosca branca (*Bemisia tabaci)* na cultura do quiabo em Deli revelaram dois picos distintos durante 2015 (30th SMW, 21,67 mosca branca/3 folhas e MSW 36, 17,33 mosca branca/3 folhas, respetivamente) e 2016 (MSW 32, 19,67 mosca branca/3 folhas e MSW 36, 14,67 mosca branca/3 folhas, respetivamente). As observações revelaram que a precipitação (com coeficientes de correlação de -0,493** e -0,678** durante 2015 e 2016, respetivamente) como o preditor mais importante da população entre os factores abióticos avaliados. Ambos os predadores generalistas (factores bióticos) foram considerados altamente significativos, negativamente correlacionados e bem ajustados nos modelos de previsão. Os resultados também revelaram que a precipitação, os coccinelídeos e a população de aranhas, em conjunto, tiveram um impacto significativo no aumento da população de *B. tabaci* no quiabeiro.

2.1.4Borca da vagem do feijão-caupi (*Helicoverpa armigera* Hubner)

A infestação de *H. armigera* começou após a 4th semana de agosto e continuou até à 3rd semana de outubro, com um pico de atividade na 3rd semana de setembro (2-3 larvas/fruto) no quiabeiro. Estudos de correlação indicaram que esta praga apresentou uma correlação positiva com a temperatura máxima, enquanto a humidade relativa teve uma correlação negativa com a população da praga em Anand, Gujarat (Parmar *et al.*, 2005).

A incidência de *H. armigera* no grão-de-bico começou na primeira quinzena de março e depois aumentou gradualmente até à segunda quinzena de março; a população diminuiu e finalmente desapareceu a partir da primeira semana de abril (Anónimo, 2011).

Subhash e Singh (2013), de Bikaner, Rajshthan, relataram que a broca das vagens *H. armigera* esteve presente durante toda a estação de crescimento do grão-de-bico, independentemente das datas de sementeira, após o aparecimento e a população máxima foi observada durante a 8th semana meteorológica (19th fevereiro).

Chander (2018) realizou uma experiência sobre a dinâmica populacional de pragas de insectos de ervilha-de-angola de curta duração em relação aos parâmetros meteorológicos durante a *kharif* 2016 e 2017. Observou-se que a broca da vagem manchada, *Maruca vitrata* (F.) e o escaravelho da bolha, *Mylabris pustulata* Thunberg, foram as principais pragas em Deli durante ambos os anos, enquanto se registou também uma baixa incidência de outras pragas, *nomeadamente a* broca da vagem da grama, *Helicoverpa armigera* (Hubner) e o percevejo da vagem, *Clavigralla gibbosa* Spinola. A população da broca da vagem atingiu o pico durante 41st semana meteorológica padrão. Verificou-se que a temperatura máxima da semana de 1-lag tem uma correlação positiva não significativa com a população de larvas da broca da vagem (r = 0,64) e da broca da vagem manchada (r = 0,52). O aumento da população de insectos das vagens teve uma correlação negativa significativa mais elevada com a temperatura mínima (r = -0,82) da semana em curso e também com a humidade relativa (r = -

0,93) da semana em curso.

2.1. 5Borca da vagem manchada (*Maruca vitrata* fabricius)

Panickar (2004) verificou que a infestação da broca das vagens começava 1 a 2 semanas após o início da formação das vagens e era mais elevada no mês de agosto (5-6 larvas/planta) em Anand. O coeficiente de correlação foi significativo apenas no caso de as temperaturas máxima e média terem uma correlação positiva e a humidade relativa média ter uma correlação negativa com a percentagem de danos nas vagens durante a *colheita de* 2001.

A broca da vagem manchada, *M. vitrata,* no feijão-frade foi inicialmente observada em meados de março na fase de formação das vagens e atingiu o seu nível mais elevado (1,21 larvas/planta) durante a quarta semana de março em Anand, Gujarat (Patel *et al.*, 2010).

Shukla *et al.* (2011) revelaram que o feijão-frade era o hospedeiro preferido de *M. vitrata* entre seis hospedeiros diferentes em estudo em Sardarkrushinagar, Gujarat, e observaram que, na estação *da colheita, a* percentagem de danos nas vagens estava negativamente correlacionada com diferentes parâmetros meteorológicos, exceto horas de sol brilhante, temperatura máxima e humidade relativa da manhã, bem como com o défice de pressão de vapor à noite e o défice de pressão de vapor médio.

Rachappa (2016) realizou estudos sobre a dinâmica populacional e as actividades dos parasitóides da broca das vagens das leguminosas, *Maruca vitrata* (Geyer), numa cultura de feijão-frade desprotegida durante as épocas de colheita de 2013-14 e 2014-15 em Chitapur (Karnataka), Índia. As observações revelaram que a infestação da praga começou com o aparecimento do botão floral e das flores na cultura (em 2nd noite forte de setembro) e, depois disso, a incidência aumentou e atingiu o pico durante a segunda quinzena de outubro até à primeira quinzena de novembro (14,33 a 22,00 larvas por 10 plantas) em ambos os locais. Depois disso, diminuiu para um nível moderado (9,00 a 14,66 larvas por 10 plantas) durante a segunda quinzena de novembro. No entanto, novamente 2nd pico de incidência de 15,00 a 19,33 larvas por 10 plantas observado durante a segunda quinzena de dezembro em ambos os locais. Novamente a incidência da praga diminuiu drasticamente após a segundand quinzena de dezembro.

1.4 Estudar a avaliação de diferentes insecticidas
métodos de aplicação.

2.2. 1Complexo de pragas sugadoras

Horowitz *et al.* (1998) referiram que o imidaclopride @ 25 ml a.i./ha a 2, 7 e 14 DAA (Dia Após a Aplicação), resultou em mortalidades de adultos de 90, 93 e 96 por cento e o acetamipride @ 25 ml a.i./ha a 2, 7 e 14 DAA resultou em mortalidades de adultos de 76, 84 e 76 por cento, respetivamente. A aplicação foliar de 210 g a.i. /ha de imidaclopride e 60 g a.i. /ha de acetamipride foi considerada eficaz contra a população de mosca branca até dez dias após a aplicação.

Gupta *et al.* (1998) referiram que a aplicação foliar de imidaclopride 200 SL foi altamente eficaz contra pragas sugadoras do algodão, especialmente contra cigarrinhas e afídeos.

Liu *et al.* (2010) efectuaram um ensaio de campo utilizando imidaclopride 2,5% EC contra o pulgão do feijão-frade (*Aphis craccivora*). Os resultados mostraram que uma diluição de 1500 vezes de imidaclopride 2,5% EC podia controlar eficazmente o pulgão do feijão-frade e a eficácia era superior a 95,76% durante 1 dia a 10 dias após o controlo.

Kumar *et al.* (2001) relataram que o tiametoxame 25 WG estava em pé de igualdade com o imidaclopride (Gaucho, 600 FS) no tratamento de sementes @ 12 ml/kg de sementes na redução da infestação de fungos. Entre os insecticidas, o tiametoxame a 0,4 g/l foi consistente e significativamente superior. No entanto, concentrações mais baixas de imidaclopride no tratamento de sementes foram menos eficazes.

Misra (2002) avaliou alguns insecticidas mais recentes, como o tiametoxame 25 WG, o imidaclopride 200 SL e o profenofos + cipermetrina 44 CE, juntamente com insecticidas convencionais como o dimetoato 30 CE, a cipermetrina 10 CE e o profenofos (Curacron 50 CE) contra o pulgão do quiabeiro, *A. gossypii,* e a cigarrinha, *A. biguttula biguttula.* Os resultados revelaram que o imidaclopride e o tiametoxame, ambos pertencentes ao grupo dos neonicotinóides a 25 g a.i. /ha, se revelaram significativamente superiores no controlo dos afídeos e das cigarrinhas do quiabeiro em comparação com outros insecticidas convencionais.

Swaroop *et al.* (2004) realizaram experiências de campo em Jaipur, Rajasthan, para verificar a eficácia de vários insecticidas contra a mosca branca *B. tabaci* na malagueta, tendo revelado que o imidaclopride 17,8 SL @ 250 ml/ha proporcionou uma redução máxima da população de mosca branca 1,3,7 e 14 dias após a pulverização.

Goncavles e Bleicher (2006) realizaram uma experiência de campo em que os efeitos insecticidas da azadiractina (a 12, 192, 684, 768 e 1536 ppm) e do imidaclopride a 0,105 g a.i./litro foram aplicados no solo para atingir sistemas radiculares de feijão-frade previamente infectados pela praga. Eles relataram que a azadiractina a 192-1536 ppm mostrou eficácia na faixa de 39,16-83,81% em ninfas de *A. craccivora* e o imidaclopride a 0,105 g a.i./litro mostrou 99,9% de eficácia.

Bhalala *et al.* (2006) concluíram que a cultura do quiabeiro pulverizada com thiomethoxam 25 WG em duas doses mais elevadas (37,5 e 50 g a.i./ha) mostrou um controlo eficaz de jassídeos e afídeos.

Panduranga *et al.* (2010) avaliaram diferentes insecticidas contra as moscas brancas e referiram que o tiametoxame 25 WS a 0,005 por cento era altamente eficaz contra as moscas brancas no feijão-mungo.

Shreevani *et al.* (2012) realizaram estudos de toxicidade sobre o grupo dos neonicotinóides em comparação com insecticidas convencionais contra pragas sugadoras de algodão. Os resultados revelaram que a percentagem de mortalidade das pragas foi máxima (50,67%) com o tiametoxame a 0,001, com uma diferença não significativa a 0,007% e com o imidaclopride a 46,67%. A clotianidina a 0,04 por cento foi o próximo melhor tratamento.

Abd-Ella (2013) observou que, quando a estirpe de campo do pulgão do feijão-frade, *A. craccivora,* foi tratada com insecticidas neonicotinóides utilizando o bioensaio de imersão em folhas, o índice de toxicidade do tiametoxame, acetamipride e imidaclopride teve a maior atividade aficida, com um valor LC50 de 0,60, 0,71 e 1,16 mg/l, respetivamente, enquanto o dinotefurano foi menos tóxico com um valor LC50 de 23,41 mg/l. Os resultados deste estudo indicaram que os insecticidas neonicotinóides foram altamente eficazes contra o afídeo do feijão-frade.

O imidaclopride 17,8 SL @ g a.i./ha foi considerado superior entre muitos insecticidas testados contra o jassídeo, com o menor número de população de jassídeos (1,53/planta) e a maior redução percentual de jassídeos (84,72) em Brinjal (Ghosal e Chatterjee, 2013).

Bharpoda *et al.* (2014) afirmaram que o tiametoxame 25 WG @ 0,0125 por cento foi considerado um inseticida significativamente superior na redução da população de fungos (1,22 / folha) em *algodão Bt do* que o resto dos tratamentos. O segundo melhor grupo de produtos químicos foi o imidaclopride 17,8 SL a 0,008 por cento, com 1,49/folha.

Khade *et al.* (2014) estudaram a eficácia dos insecticidas químicos no feijão-frade. A maior redução percentual da população em relação ao controlo de pragas sugadoras foi observada no imidaclopride 17,8 SL @ 0,005 por cento, *ou seja,* afídeos (76,83 por cento), tripes (76,37 por cento) e jassídeos (73,44 por cento) e a menor foi observada no difentiuron 50 WP 1,2 g/l (73,95 por cento, 72,63 por cento e 70,08 por cento, respetivamente). Entre os insecticidas químicos, o imidaclopride *produziu* 45,27 q/ha e o difenthiuron 41,95 q/ha, *o que representa o* rendimento mais elevado em relação à testemunha.

Sharma e Singh (2015a) realizaram um estudo durante a estação *Kharif* de 2012 e 2013 para conhecer o estudo competitivo de insecticidas como aplicação foliar para o controlo de pragas sugadoras como o jassid, tripes e mosca branca no feijão-urd em relação à diferença de rendimento. Entre os tratamentos contra o jassid, o imidaclopride foi considerado mais eficaz (1,14 jassid/6 folhas), seguido do tiametoxame (1,15) e do acitamipride (2,24) no ano de 2012. No entanto, o mesmo resultado foi observado no ano de 2013, no caso dos insecticidas acima referidos. No caso das moscas brancas, o tiametoxame proporcionou um controlo significativamente bom (2,11 em 2012 e 2,69 em 2013/6 plantas), seguido do imidaclopride e do acetamipride durante ambas as estações. O rendimento máximo significativo em 2012 foi encontrado na parcela tratada com imidaclopride (11,33q/ha) seguido por tiametoxame (10,88q/ha) e acetamipride (10,77q/ha) em comparação com trizofos (9,55q/ha) e monocrotofos (8,55q/ha).

Anusha *et al* (2018) realizaram uma experiência em Udaipur com algodão *Bt* e revelaram que o imidaclopride 17,8 SL (200 ml/ha) reduziu significativamente as populações de pulgões (até 84,87 %) e moscas brancas (até 73,28 %) após a primeira pulverização; enquanto que o fipronil 70 WG (100 g/ha) foi significativamente eficaz na redução das populações de cigarrinhas (até 78.06 %) e tripes (até 80,71 %); da mesma forma, após a segunda pulverização, o imidaclopride 17.8 SL (200 ml/ha) mostrou uma redução significativa na população de pulgões (até 74,97 %), cigarrinhas (até 77,84 %), tripes (até 72,18 %) e moscas brancas (até 74,44 %). Entre os biopesticidas, o óleo de neem (3%) foi mais eficaz na redução da população de pragas sugadoras. A segunda pulverização de imidaclopride 17,8 SL (200 ml/ha) e tiametoxame 25 WG (100 g/ha) reduziu significativamente a população de afídeos, cigarrinhas, tripes e moscas brancas.

As investigações foram realizadas por Chaudhary *et al* (2018) sobre a gestão de pragas sugadoras de soja (*Glycine max* L.) em Sardarkrushi nagar, Gujarat durante a *kharif,* 2016. Entre os vários insecticidas químicos e não químicos testados contra pragas sugadoras de soja, o imidaclopride 17,8 SL @ 0,005 % foi eficaz contra o jassídeo e os tripes, enquanto o acetamipride 20 SP 0,004 % foi eficaz contra a mosca branca na soja. O maior rendimento de grãos de soja foi registado no tratamento com imidaclopride 17,8 SL @ 0,005 % (1166 kg/ha). A relação custo-benefício de proteção líquida (PCBR) foi mais elevada no tratamento com imidaclopride (1: 23,67), seguido de acetamipride (1: 22,63), tiametoxame (1: 17,06), dimetoato (1: 12,53) e óleo de neem 1500 ppm (1: 05,29). A menor perda evitável foi registada na parcela tratada com imidaclopride 17,8 SL, seguida de acetamipride 20 SP (4,45 %) e tiametoxame 25 WG (6,34 %). Por outro lado, a maior porcentagem de perda evitável no rendimento da soja foi observada na parcela não tratada (32,16).

2.2. 2Pragas do tipo broca

A literatura sobre o efeito do colrantraniliprole e do ciantraniliprole em pragas do tipo broca do feijão-frade é muito escassa; por conseguinte, a literatura sobre a sua eficácia noutras pragas de insectos foi aqui revista.

O clorantraniliprole é uma diamida antranílica que ativa os receptores de rinodina dos insectos e estimula a libertação e o esgotamento das reservas intracelulares de cálcio do retículo sarcoplasmático das células musculares, provocando uma regulação muscular deficiente, paralisia e, em última análise, a morte das espécies sensíveis (Cordova *et al.*, 2006)

Haritha (2008), em Rajendranagar, Hyderabad, realizou uma experiência sobre a bioeficácia dos insecticidas contra a broca das vagens das leguminosas no feijão-frade e afirmou que, entre os diferentes tratamentos insecticidas, o rynaxypyr 0,009% registou menos danos nas vagens (1,61%) causados por *M. vitrata* no feijão-frade.

O tratamento com clorantraniliprole (Rynaxypyr) foi comparado com esquemas microbianos e outros esquemas insecticidas contra o complexo da broca da vagem no feijão-frade. O tratamento inseticida revelou que o rynaxypyr (20 % SC) a 40 g a.i./ha foi considerado o mais eficaz no controlo da broca da vagem, *H. armigera, da* traça da pluma, *Exelastis atomosa* e da mosca da vagem, *Melanazygromyza abtusa*, que foi igual à sua dose mais baixa de rynaxypyr 30 g a.i./ha (Bhosale *et al.* 2009).

Mohanraj *et al.* (2012) em Parbhani, Índia, relataram que a menor média de danos nas vagens de 14,5% foi registada com clorantraniliprole 20 SC a 25 e 30 g a.i./ha. A média mais baixa de

A população de 0,67 larvas foi registada em chlorantraniliprole 20 SC a 20 g a.i./ha, seguido de 25 g a.i./ha (0,69) e 30 g a.i./ha (0,72) contra *M. vitrata* em blackgram.

Hosamani *et al.* (2013) registaram que, sete dias após a pulverização, o número mais baixo de larvas foi registado com cholrantraniliprole 20 SC @ 30 g a.i./ha, que registou 0,60 larvas por metro de comprimento de linha de grão-de-bico.

Mahalaxmi *et al.* (2013) relataram que o rynaxypyr 20 SC a 30, 25 e 20 g a.i. /ha foi considerado eficaz na redução da incidência de larvas de *M. vitrata* e danos nas vagens de blackgram em Andhra Pradesh.

Kumar *et al.* (2014) em Pantnagar, na Índia, afirmaram que a maior redução populacional foi registada em parcelas tratadas com imidaclopride 17,8 SL @ 0,003 por cento, seguida de fipronil 5 SL @ 0,01 por cento, acetamipride 20SP @ 0,004 por cento, azadiractina 1500 ppm @ 0,15 por cento e *Bt. var kurstaki* 1500 ppm @ 0,1 por cento contra a broca da vagem do feijão-frade.

Rachappa *et al* (2014), em Raichur, Karnataka, estudaram a gestão de pragas de insectos do feijão-frade utilizando uma nova molécula de diamida antranílica e verificaram que, entre os tratamentos, o ciantraniliprole 10,26% OD @ 60 g a.i./ha foi altamente eficaz no controlo das pragas do feijão-frade, registando os números médios mais baixos de larvas de *maruca vitrata* (0,13 teias/5 plantas), *helicoverpa armigera* (0,17 larvas/5 plantas) e danos nas sementes por insectos das vagens (1,55 %) e mosca das vagens (1,39 %). A menor carga de pragas e danos resultou no maior rendimento de sementes (1169,25 kg/ha). Além disso, o cyantraniliprole 10,26% OD não teve efeito sobre o número de coccinelídeos predadores e *crisopa.*

Balikai e Mallapur (2015) avaliaram o ciazipir (HGW86 10 OD), juntamente com o carbaril 50 WP e o malatião 50 EC como controlos padrão, contra o complexo de insectos-praga dos cornichões e comunicaram que o ciantraniliprole @ 90 g a.i./ha proporcionou a maior proteção contra a mosca branca, tripes, serpentina mineira da folha, mosca da fruta, escaravelho vermelho da abóbora e broca da fruta com 96,5, 96,0, 94,3, 93,3, 95,2 e 90,7 por cento, respetivamente, sobre o controlo não tratado.

Kodandaram *et al.* (2015), em Varanasi, estudaram a eficácia do ciantraniliprole contra *Leucinodes orbonalis* de brinjal e verificaram que, com base nos valores de CL, o ciantraniliprole, o clorantranilprole e a flubendiamida eram 6543,54, 2253,88 e 362.23 vezes mais tóxicos do que a cipermetrina e os resultados indicam claramente que o novo inseticida diamida antranílico, o ciantraniliprole, era altamente tóxico para as larvas de brinjalis em comparação com outros insecticidas diamidas e com a cipermetrina.

Mishra (2015) avaliou a bioeficácia de uma nova antranilicdiamida, o ciantraniliprole (ciazipir), contra *Helicoverpa armigera* que infesta o tomateiro e a sua segurança para os predadores coccinelídeos. Os resultados revelaram que a população de larvas significativamente mais baixa (0,3-0,4) e (0,5) por planta sete dias após a pulverização foi registada nos tratamentos com ciantraniliprole (HGH 86) 10% OD @ 90 e 105g a.i./ha com 85,8-89,6 e 84,4-85,95 de redução na população de larvas em relação ao controlo não tratado.Os dados agrupados sobre a percentagem de danos nos frutos por *H. armigera* mostraram uma redução de 3,0-3,1 com 85,8-86,3% de redução com base no número e 3,23,4 com 84,8-85,3% de redução com base no peso em relação ao controlo nos tratamentos com ciantraniliprole (HGW)10% OD @ 90 e 105g a.i./ha, respetivamente, que foi significativamente superior a outros tratamentos.

Raghavendra *et al.* (2016) realizaram ensaios de campo em Kawadimattii, Karnataka, durante a *kharif* 2010-1 1 e 2011-12, para avaliar a eficácia da nova antranilicdiamida, ciantraniliprole (cyazypyr) (HGW 86) 10,26 % OD em diferentes dosagens para a gestão de pragas de insectos do brijal. Os insecticidas padrão, *nomeadamente o* clorantraniliprole 18,5% SC, o spinosad 45% SC e o imidaclopride 17,8% SL, foram utilizados para comparação. Em geral, os resultados revelaram que o ciantraniliprol (90 g a.i/ha) proporcionou um controlo de espetro cruzado de pragas de insectos, uma vez que registou o número mais baixo de danos nos frutos por broca e broca de frutos (1,09%) aos 10 dias após a aplicação. A mesma tendência também foi observada durante a estação subsequente.

Kambrekar (2018), com base na observação de três anos, concluiu claramente que, entre as diferentes doses, o clorantraniliprole 0,4GR @ 15g/vinha foi eficaz contra a broca do caule, o que pode ser recomendado para o controlo da broca do caule da videira, uma vez que proporciona uma proteção a longo prazo das plantas contra a broca, com rendimentos mais elevados.

Uma investigação foi realizada por Borad e Thumar (2019) durante duas estações consecutivas *da Kharif* (2014-15 e 2015-16) com o objetivo de avaliar a bioeficácia de diferentes insecticidas contra a broca da cápsula, *Dichocrosis punctiferalis* Guenee infestando a mamona. Considerando os danos às cápsulas causados por *D. punctiferalis*, o clorantraniliprole 18,5 SC, 0,006 por cento (7,07%), flubendiamida 48 SC, 0,015 por cento (7,25%) indoxacarbe 15,8 CE, 0.015 por cento (7,29%) e benzoato de emamectina 5 SG, 0,0025 por cento (7,36%) foram eficazes no controlo da incidência de *D. punctiferalis* na mamona, o que se reflectiu no rendimento e na economia.

2.2.3Comparação da eficácia entre a quimigação e a aplicação foliar pulverização

Na Índia, não foi feito nenhum trabalho sobre este aspeto; por isso, a literatura sobre a comparação da eficácia entre a quimigação e a pulverização foliar noutras pragas de insectos foi aqui revista.

Felsot *et al.* (1998) da Washington State University, EUA, examinou a distribuição de imidacloprid no solo quando aplicado através de um sistema de irrigação por gotejamento e concluiu que é um bom candidato para o controlo de insectos através de sistemas de irrigação por gotejamento como quimigação.

Lahm *et al.* (2007) mostraram que a classe de insecticidas, os diamidas antranílicos, demonstrou ser altamente tóxica para numerosas pragas de lagartas. Um destes insecticidas, o clorantraniliprole, é móvel no xilema através da absorção pelas raízes e controla as lagartas e outras pragas que se alimentam de folhas. Tal como os insecticidas da classe dos neonicotinóides, o clorantraniliprole é também altamente solúvel, sistémico para as raízes e eficaz contra determinadas pragas de insectos, especialmente lagartas, minadores de folhas e escaravelhos. Como estes dois materiais são selectivos contra determinadas pragas de insectos, são ideais para um programa de gestão de pragas.

Ghidiu *et al.* (2009) relataram que duas injeções de clorantraniliprole em um sistema de gotejamento foi tão eficaz quanto sete aplicações de um programa padrão de pulverização foliar que consiste em duas aplicações de acefato seguido por cinco aplicações de indoxacarb para o controle da broca europeia do milho em pimentões em Nova Jersey, EUA.

Kuhar *et al.* (2009) relataram que uma única injeção de clorantraniliprole a uma taxa elevada de rotulagem num sistema de gotejamento foi tão eficaz como quatro aplicações foliares do piretróide lambda-cialotrina para controlar os danos causados por lagartas em tomates frescos de mercado.

Mansour (2010) observou que o imidaclopride aplicado através de um sistema de irrigação por gotejamento é uma nova opção promissora para controlar as cochonilhas nas vinhas. O ensaio foi realizado para avaliar o uso de imidacloprid, um inseticida sistémico, contra cochonilhas na vinha. O imidaclopride foi aplicado através do sistema de irrigação gota a gota em cada videira e foi depois comparado com o metidatião, um inseticida de contacto. O imidaclopride foi mais eficaz do que o methidathion em todos os estágios de desenvolvimento da cochonilha. Para além da sua eficácia excecional, que pode atingir os 100%, o imidaclopride proporcionou um controlo interessante das cochonilhas a longo prazo. Não foram encontradas diferenças significativas entre as duas doses de imidaclopride (1 e 2 ml/vinha). Por esta razão, pode ser utilizado num programa de gestão integrada contra estas pragas na zona vitícola da Tunísia.

Ghidiu *et al.* (2012) conduziram um ensaio sobre a quimigação por gotejamento de inseticidas como uma ferramenta de gestão de pragas para uma variedade de pragas em Bridgeton, Nova Jersey e descobriram que as vantagens da injeção de inseticidas por gotejamento sobre os métodos de aplicação no solo incluem uma distribuição uniforme de inseticida em toda a planta, uma redução na aplicação de pesticidas, incluindo mão de obra e combustível de veículos ou tratores, e uma redução na compactação do solo, perturbação da planta e exposição do aplicador aos pesticidas. Os insecticidas aplicados através de um sistema de rega gota a gota podem substituir ou reduzir o número de pulverizações foliares de insecticidas, reduzindo os riscos para as espécies não visadas.

Timmeren *et al.* (2012) observaram que, em vinhas irrigadas por gotejamento, os neonicotinóides aplicados no solo podem ser utilizados para proporcionar um controlo residual prolongado das pragas foliares das vinhas, tanto no início da estação como a meio ou no final da estação. A análise de resíduos do imidaclopride aplicado por via foliar mostrou um declínio de 89% nas folhas maduras do dia 1 ao dia 27, e um declínio de 98% nas folhas imaturas durante o mesmo período. Esta abordagem pode reduzir a dependência de insecticidas aplicados por via foliar, com benefícios associados à exposição de trabalhadores e inimigos naturais não visados, no leste dos Estados Unidos.

Baronio *et al.* (2015) no sul do Brasil estudaram que o imidaclopride e o tiametoxame controlaram eficazmente o pulgão da videira em ambas as formas de aplicação no solo e foliar, enquanto a azadiractina na dosagem de 3,6 ml a.i./100 L reaplicada sete dias após a primeira aplicação proporcionou 55,7% de controlo. Em conclusão, o *A. illinoisensis* pode ser controlado eficazmente através da utilização de neonicotinóides no solo, enquanto a azadiractina pode ser uma alternativa para reduzir a pressão de infestação.

2.2.4Efeito dos métodos de aplicação de insecticidas na colónia de Rhizobium que afectam o nódulo radicular do feijão-frade.

Kulkarni *et al* (1974) Foi estudado o efeito de quatro insecticidas aplicados no solo, nomeadamente carbofurano, thimet, dasanite e heptacloro, à taxa recomendada, no número, peso e teor de leghemoglobina dos nódulos radiculares e no rendimento, peso seco e teor de azoto do amendoim (*Arachis hypogaea* Linn.) inoculado com Rhizobium. Verificou-se que a aplicação de thimet, heptacloro e dasanite reduziu significativamente o número de nódulos radiculares.

Os pesticidas, de acordo com a sua composição química, podem afetar os microrganismos do solo, incluindo o *Rhizobium,* de várias formas. Podem inibir ou reduzir o crescimento ou podem reagir com produtos microbianos. O equilíbrio na comunidade biótica do solo muda constantemente devido ao ambiente do solo e também devido a flutuações normais nas condições abióticas do solo. (Fox *et al.* 2007)

El-Naggar *et al.* (2013) para todos os grupos de artrópodes do solo implicados nesta investigação, o pesticida utilizado e a profundidade afectaram significativamente os seus números médios. O menor número de artrópodes do solo foi registado na camada de 10 - 20 cm tratada com pesticidas, em comparação com a camada de 0-10 cm. Os resultados também revelaram que o imidaclopride teve mais efeitos adversos na fauna do solo do que o tiametoxame. No caso do tratamento foliar, houve uma redução no número médio de microartrópodes examinados, quer sob as plantas quer entre as plantas, em ambas as profundidades. A redução do número de artrópodes do solo foi significativamente maior na camada 0-10.

Simon *et al.* (2015) revelaram que os neonicotinóides são o grupo mais amplamente estudado a nível molecular e mais amplamente utilizado contra muitos insectos sugadores de seiva e relataram que, após a aplicação de imidaclopride em torno de árvores, este mostra um efeito adverso na população de minhocas, responsável pela mortalidade das minhocas. Verificou-se também que o imidaclopride é mais tóxico do que o clorpirifos, o fipronil e o carbaril no caso da minhoca *Aporrectodea trapezoide*

3 Materiais e métodos

A investigação sobre "Quimigação versus aplicação foliar para a gestão do complexo de pragas do feijão-frade (*Vigna unguiculata* L.Walp) nas condições do sul de Gujarat foi realizada na Fazenda da Unidade de Pesquisa de Gestão do Solo e da Água, Universidade Agrícola de Navsari, Navsari, Gujarat durante o verão de 2018.

Os materiais utilizados e a técnica empregue para a realização de várias experiências são aqui apresentados.

1.5 Estudar a dinâmica populacional dos principais insectos-praga do feijão-frade e sua correlação com diferentes factores abióticos

Foi realizado um estudo sobre a dinâmica populacional de insectos
pragas de feijão-frade na Fazenda da Unidade de Pesquisa de Manejo de Solo e Água, Universidade Agrícola de Navsari, Navsari, Gujarat durante o verão de 2018.

3.1.1 Pormenores da experiência

Sr. Não.	Detalhes		Nome dos dados
1	Cultura	:	Feijão-frade
2	Variedades	:	Anand Vegetable Cowpea-1 (AVCP-1)
3	Localização	:	Quinta SWMRU, NAU, Navsari
4	Época e ano		verão (segunda a quarta semana de março)-2018
5	Data de plantação		18-03-2018
6	Espaçamento		45cm x 20 cm
7	Tamanho da parcela		20mx20m(400 m)^2
8	Fertilizantes		N P K 25: 50: 00 Kg/ha (Dose recomendada)
9	Método de sementeira		Dibbling
10	Tipo de solo		Solo preto

Todas as práticas agronómicas recomendadas antes e depois da sementeira foram seguidas e a área experimental foi mantida sem pulverização inseticida durante toda a época de cultivo, a fim de registar a incidência de pragas de insectos.

Para descobrir a incidência das principais pragas de insectos no feijão-frade da variedade AVCP-1, a população das principais pragas de insectos foi registada a intervalos semanais em plantas aleatórias a partir da 1st semana após a sementeira até à colheita da cultura.

3.1.2Método de observação

3.1.2.1Afídio , *Aphis craccivora*

Foram seleccionadas aleatoriamente 50 plantas. A população de afídeos foi registada através do índice de infestação de afídeos. As folhas, flores e vagens das plantas seleccionadas foram observadas e o grau de infestação foi registado semanalmente e categorizado em graus 0, 1, 2, 3 e 4, de acordo com a contagem visual e de inspeção. O índice de afídeos é apresentado a seguir.

Índice de infestação de afídeos

Grau Índice de afídeos

0Nenhuma população de afídeos na planta

1 Um ou dois afídeos observados na planta, mas sem formação de colónias

2 Pequena colónia de afídeos observada com números contáveis em

planta, mas não se observam sintomas de danos

3 Observa-se uma grande colónia de pulgões na planta e os pulgões podem ser sintomas contados e danos observados

4 Observou-se uma grande colónia de pulgões na planta e os pulgões não conseguiram e os sintomas de danos graves são observados e a planta murcha.

3.1.2.2 Jassid, *Empoasca kerri*

Foram seleccionadas aleatoriamente 50 plantas. Três folhas da parte superior, média e inferior de cada planta foram observadas quanto à presença de ninfas e adultos de jassídeos. As observações foram registadas a intervalos semanais, a partir da primeira semana após a sementeira.

3.1.2.3 Mosca branca, *Bemisia tabaci*

Foram seleccionadas aleatoriamente 50 plantas. Três folhas da parte superior, média e inferior de cada planta foram observadas quanto à presença de ninfas e adultos de mosca branca. As observações foram registadas a intervalos semanais, a partir da primeira semana após a sementeira. **3.1.2.4 Broca da vagem do feijão-frade, *Helicoverpa armigera***

Foram seleccionadas aleatoriamente 50 plantas. A incidência da broca da vagem foi registada através da contagem do número total de larvas em cada planta, a intervalos semanais, a partir da primeira semana após a sementeira.

3.1.2.5 Broca da vagem manchada, *Maruca vitrata*

As observações foram registadas em cinquenta vagens/plantas seleccionadas aleatoriamente para a população larvar, a intervalos semanais, desde a floração até à colheita da cultura.

3.1.3 Dinâmica populacional do complexo de pragas do feijão-frade em relação aos parâmetros meteorológicos

Os dados sobre a temperatura (máxima e mínima), a humidade relativa (manhã e noite), a evaporação, a precipitação, as horas de sol e a pressão de vapor registados no observatório meteorológico, College farm, N.A.U., Navsari, foram utilizados para estudar o efeito dos parâmetros meteorológicos na população de vários insectos nocivos, *nomeadamente*, pulgão, jassídeos, mosca branca, broca da vagem e broca da vagem manchada. Foi calculado o coeficiente de correlação simples.

Foto: 1 Vista geral do sítio experimental para o percurso de avaliação dos insecticidas

1.6 Estudar a avaliação de diferentes métodos de aplicação de insecticidas.

3.2.1 Pormenores da experiência

Sr. Não.	Detalhes		Nome dos dados
1.	Cultura		Feijão-frade
2.	Variedades		Anand Vegetable Cowpea-1 (AVCP-1)
3.	Localização		Quinta SWMRU, NAU, Navsari
4.	Conceção		FRBD (Fatorial Randomized Block Design)
5.	Replicação		3
6.	Tratamento		10 (5:Quimigação + 5:Pulverização foliar)
7.	Época e ano		verão-2018
8.	Data de sementeira		18-03-2018
9.	Data da pulverização/quimigação		1st pulverização: 17-04-2018 2nd pulverização: 4-05-2018
9.	Espaçamento		45cm x 20 cm
10.	Tamanho da parcela		Bruto: 3,60m *2,40 m Rede: 2,70 m x 2,00 m
11.	Fertilizantes		N P K 25: 50: 00 Kg/ha (Dose recomendada)

Quadro 3.2.2: Detalhes dos insecticidas, juntamente com a sua concentração, utilizados contra as pragas do feijão-frade

Sr. Não.	Nome dos insecticidas	Concentração (%)	Dose (ml ou g/10L de água)
	Quimigação		
1	Imidaclopride17.8SL+ Clorantraniliprolo 8.5SC	0.005+0.005	2,8ml+3ml

2	Tiometoxm25WG+ Clorantraniliprole1 8.5SC	0.01+0.005	4g+3ml
3	Imidaclopride17.8SL+ Cynatraniliprole10.26OD	0.005+0.002	2,8ml+4ml
4	Tiometoxm25WG+ Cynatraniliprole 10.26OD	0.01+0.002	4g+4ml
5	Controlo (gota a gota)	-	-
Pulverização foliar			
6	Imidaclopride17.8SL+ Clorantraniliprole1 8.5SC	0.005+0.005	2,8ml+3ml
7	Tiometoxm25WG+ Clorantraniliprole1 8.5SC	0.01+0.005	4g+3ml
8	Imidaclopride17.8SL+ Cynatraniliprole10.26OD	0.005+0.002	2,8ml+4ml
9	Tiometoxm25WG+ Cynatraniliprole 10.26OD	0.01+0.002	4g+4ml
10	Controlo (pulverização de água)	-	-

1.6.1.1. Eficácia de vários insecticidas e respectivos métodos de aplicação

Para avaliar a eficácia dos diferentes insecticidas, foram registadas observações sobre o pulgão, o jassídeo, a mosca branca, a broca da vagem do feijão-frade (*H. armigera*) e a broca da vagem manchada (*M. vitrata*) em cinco plantas seleccionadas ao acaso de cada área de parcela de rede. Antes da pulverização, foram feitas contagens de diferentes pragas em cinco plantas seleccionadas aleatoriamente da área da parcela de rede. Em seguida, as contagens foram efectuadas 1, 3, 7 e 14 dias após cada aplicação. A metodologia de registo da população de pragas foi a mesma que utilizámos para estudar a dinâmica da população. A pulverização foi efectuada com a ajuda de um pulverizador costal com alavanca. Foram tomadas as devidas precauções durante a pulverização para se obter uma cobertura uniforme de insecticidas em cada planta de cada parcela. A química foi administrada por técnica de injeção sob pressão em linha de gotejamento com água. O pulverizador de costela foi ligado à válvula de gotejamento e injectou a mesma concentração e o mesmo volume que utilizámos na pulverização foliar. Duas pulverizações e duas quimigações foram efectuadas durante o período experimental. A primeira pulverização foliar e a quimigação foram dadas no início da incidência da praga, a segunda pulverização foliar e a quimigação foram dadas após 15 dias da primeira pulverização. A primeira pulverização e quimigação foi dada para o controlo de pragas sugadoras (Afídio, Jassid e Mosca Branca) com insecticidas (Imidaclopridl7.8SL e Thiomethoxm25WG). A segunda pulverização e a quimigação foram dadas para o controlo de pragas do tipo broca (broca da vagem do feijão-frade e broca da vagem manchada) com os insecticidas indicados (Chlorantraniliprole18.5 SC e Cynatraniliprole 10.26 OD).

As colónias de *Rhizobium* que afectam os nódulos radiculares foram contadas a partir de cinco plantas seleccionadas aleatoriamente de cada área de parcela líquida para conhecer o efeito da quimigação nos micróbios do solo. Os dados obtidos serão analisados estatisticamente de acordo com o procedimento padrão.

1.7 Económico, Rendimento.

A colheita foi efectuada quando a cultura estava madura. Em cada tratamento, o peso das vagens secas de cada parcela foi registado em cada colheita. Em cada colheita, calculou-se o rendimento total de vagens secas por tratamento para avaliar a eficácia dos tratamentos com base no rendimento e, em seguida, o rendimento foi convertido em hectare. O aumento percentual do rendimento em relação ao controlo foi calculado utilizando a seguinte fórmula.

Aumento percentual do rendimento em relação ao controlo

$$= \frac{T - C}{T} \times 100$$

Onde,

T = Rendimento do respetivo tratamento

C = Rendimento do controlo não tratado

3.3.2 Análise estatística

Os dados obtidos sobre o número de insectos antes da pulverização e também após a pulverização foram analisados estatisticamente utilizando a transformação adequada sempre que necessário. Os dados em percentagem de incidência foram transformados em arcsine, enquanto os dados em número médio foram transformados em raiz quadrada e analisados estatisticamente. Também se efectuou uma análise conjunta de 1, 3, 7 e 14 dias após a pulverização.

4 RESULTADOS E DISCUSSÃO

As investigações foram realizadas sobre "Quimigação versus aplicação foliar para a gestão do complexo de pragas do feijão-frade (*Vigna unguiculata* L.Walp) nas condições do Sul de Gujarat" na Universidade Agrícola de Navsari, Navsari, durante o verão de 2018. Os resultados são apresentados e discutidos neste capítulo sob os seguintes títulos.

1.8 Estudar a dinâmica populacional dos principais insectos-praga do feijão-frade e a sua correlação com diferentes factores abióticos.

1.9 Estudar a avaliação de diferentes métodos de aplicação de insecticidas.

1.10Estudar a dinâmica populacional dos principais insectos-praga do feijão-frade e a sua correlação com diferentes factores abióticos.

Foi realizado um estudo para conhecer a ocorrência e a abundância dos principais insetos-praga do feijão-frade durante o verão de 2018 na Fazenda da Unidade de Pesquisa em Gestão de Solo e Água, Universidade Agrícola de Navsari, Navsari, Gujarat. As observações de vários insectos/pragas atacados no feijão-frade foram anotadas semanalmente, desde uma semana após a germinação até à colheita da cultura. A parcela experimental foi mantida sem qualquer aplicação de inseticida. Os dados obtidos estão resumidos no quadro e no apêndice e representados na figura.

4.1.1 Pulgão (*Aphis craccivora* Koch.)

As observações sobre pulgões registradas durante o verão de 2018 são apresentadas na Tabela 2 e representadas graficamente na Figura 1, revelando que a população de pulgões começou no feijão-caupi a partir da 2nd semana após a semeadura (WAS) durante a 4th semana de março, *ou seja,* 13th SMW com 0,56 índice de pulgões e continuou até 23rd SMW quase a colheita da cultura. Além disso, a população de pulgões aumentou continuamente até 9th WAS (20th SMW) e atingiu um nível máximo de 3,0 índice de pulgões, coincidindo com a fase máxima de floração e formação de vagens durante 3rd semana de maio. O pico de atividade dos afídeos foi observado durante a 8th semana a 10th semana após a sementeira (19th a 21st SMW). Depois disso, a população de afídeos diminuiu até à maturidade da cultura.

Os resultados acima estão de acordo com Agostinho (2011) que afirmou que o pico de atividade dos afídeos foi de 7th a 10th WAS e permaneceu ativo durante todo o período de cultivo. Adipala *et al.* (1990) afirmaram que *A. craccivora* era a principal praga vegetativa do feijão-frade. Os resultados actuais estão de acordo com esta constatação. Os resultados estão mais ou menos de acordo com Srikanth e Lakkundi (1990) que concluíram que a população de *A. craccivora* no feijão-frade aumentou rapidamente com o crescimento da cultura e o seu pico coincidiu com o pico da formação de vagens.

4.1.2 Jassid (*Empoasca kerri* Pruthi)

É evidente a partir dos dados apresentados na Tabela 2 e na Figura 1 que a população de jassid começou a partir da 1st WAS, *ou seja,* 3rd semana de março (12th SMW) com 0,26 jassid/ 3 folhas/ planta. A incidência desta praga aumentou lentamente e atingiu um nível máximo (4,66 jassídeos/3 folhas/planta) na 8th semana após a sementeira, *ou seja, na* 5th semana de abril. (19th SMW) Depois disso, a população de jassídeos diminuiu gradualmente e atingiu um nível baixo (1,88 jassídeos/3 folhas/planta) na altura da colheita final. Esta praga esteve ativa durante todo o período de cultivo.

Assim, verificou-se que está em estreita relação com a experiência realizada por Patel *et al.* (2010), que mencionou que a população de cigarrinhas, *E. Kerri,* no feijão-frade começou na primeira semana de março, aumentou gradualmente e atingiu o pico (2,83 cigarrinhas/folha) durante a quarta semana de março. Os resultados actuais estão mais ou menos em conformidade com o relatório acima referido.

Quadro 2: Dinâmica populacional do afídeo, do jassídeo, da mosca branca, da broca da vagem do feijão-frade e da broca da vagem manchada no feijão-frade durante o *verão* de 2018

Mês	Semana	WAS	SMW	Índice de afídeos	jassid/3 folhas	mosca branca/3 folhas	Larvas da broca da vagem do feijão-frade/planta	Larvas da broca da vagem manchada / planta
março	iii	1	12	0.00	0.26	0.66	0.00	0.00
	iv	2	13	0.56	0.90	1.06	0.00	0.00
abril	i	3	14	0.96	1.50	2.04	0.00	0.00
	ii	4	15	1.66	2.00	2.64	0.00	0.24
	iii	5	16	2.00	3.34	3.12	1.62	1.04
	iv	6	17	2.20	3.96	3.90	2.46	2.16
maio	i	7	18	2.50	4.18	4.06	2.64	2.68
	ii	8	19	2.80	4.66	3.88	2.82	2.70
	iii	9	20	3.00	4.08	3.56	2.06	2.60
	iv	10	21	2.96	3.28	3.20	1.82	0.40
	v	11	22	1.70	2.64	2.00	1.60	0.18
junho	i	12	23	1.64	2.38	1.66	1.36	0.00
	ii	13	24	0.00	1.88	0.64	0.88	0.00

SMW - Standard Meteorological WeekWAS - Semanas após a sementeira

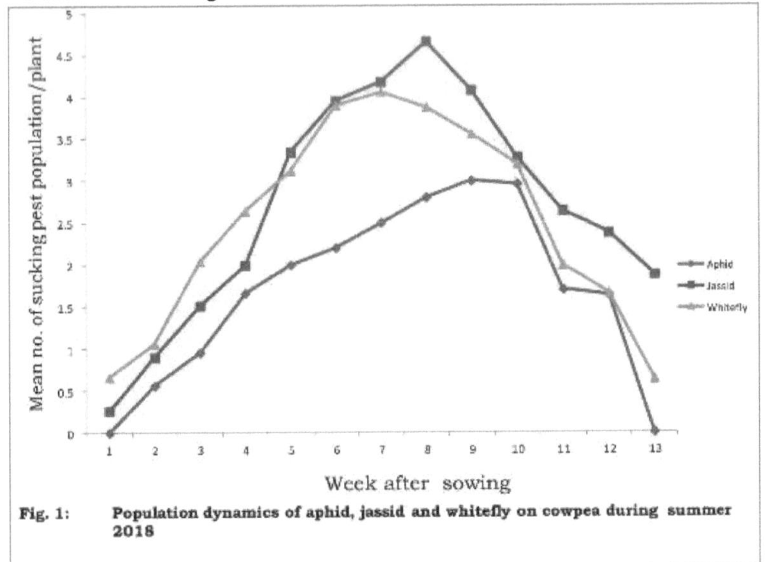

Fig. 1: **Population dynamics of aphid, jassid and whitefly on cowpea during summer 2018**

4.1.3Mosca-branca (*Bemisia tabaci* Genn.)

Os dados apresentados no Quadro 2 e representados graficamente na Figura 1 revelaram que a população de mosca branca começou a partir de 1st WAS, *ou seja,* 3rd semana de março (12th SMW) com 0,66 mosca branca/3 folhas/planta. A população aumentou com o crescimento da cultura e atingiu um nível máximo de 4,06 moscas brancas por 3 folhas/planta durante 7th WAS na 1st semana de maio (18th SMW). A população de moscas brancas diminuiu depois disso continuamente, mas foi registada até à última colheita da cultura (0,64 moscas brancas/3 folhas/planta).

Pai e Dhuri (1991) relataram que a praga apareceu na 1st semana após a germinação e continuou a aumentar durante todo o crescimento da cultura, com um pico durante a 5th semana de outubro. Do mesmo modo, Faleiro *et al.* (1986) verificaram que *B. tabaci* era uma praga menor, que ocorria regularmente desde a fase de plântula até à fase de formação de vagens de feijão-frade durante a estação *da kharif*, 1983 e 1984, no IARI, Nova Deli. As investigações actuais estão mais ou menos de acordo com os relatórios acima referidos.

4.1.4 Broca da vagem do feijão-frade (*Helicoverpa armigera* Hubner)

Os dados registados sobre a broca da vagem do feijão-frade durante o verão de 2018 apresentados na Tabela 2 e na Figura 2 indicaram que a população da broca da vagem do feijão-frade começou a partir de 5th WAS, *ou seja,* 3rd semana de abril (16th SMW) com o início da formação de flores e vagens (1,62 larvas/planta). A população da praga atingiu um nível máximo (2,82 larvas/planta) durante 8th WAS coincidiu com o pico da formação de vagens, *ou seja,* 2nd semana de maio (19th SMW) e depois diminuiu gradualmente e atingiu um nível baixo de 0,88 larvas por planta durante 2nd semana de junho (24th SMW)

No passado, Subhash e Singh (2013) referiram que a broca das vagens *H. armigera* estava presente durante toda a estação de crescimento do grão-de-bico, independentemente das datas de sementeira. Patel e Koshiya (1999), de Junagadh, Gujarat, revelaram que a praga estava ativa de novembro a fevereiro, quando o grão-de-bico estava na fase de formação das vagens. Os resultados actuais estão em conformidade com os relatórios acima referidos.

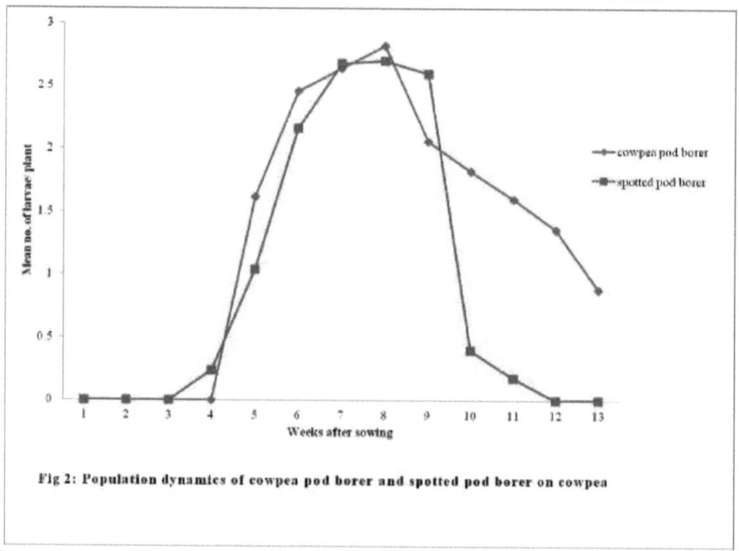

Fig 2: Population dynamics of cowpea pod borer and spotted pod borer on cowpea

4.1. 5Borca da vagem manchada (*Maruca vitrata* Fabricius)

A atividade da broca da vagem manchada foi registrada no feijão-caupi durante o verão de 2018 e é apresentada na Tabela 2, bem como representada graficamente na Figura 2. A população de *M. vitrata* começou a partir de 4th WAS, *ou seja,* 2nd semana de abril (15th SMW) com 0,24 larvas/planta, o que coincidiu com o início da floração. A população atingiu um pico de 2,70 larvas por planta durante 8th WAS (19th SMW) e depois a população da praga diminuiu durante todo o período de cultivo. A praga foi mais ativa durante 17th SMW a 20th SMW, *ou seja,* 4th semana de abril a 3rd semana de maio.

Os resultados estão de acordo com Patel *et al.* (2010). Afirmaram que *a M. vitrata* no feijão-frade foi inicialmente observada em meados de março, na fase de formação das vagens, e atingiu o seu nível mais elevado (1,21 larvas/planta) durante o pico de formação das vagens, *ou seja, na* quarta semana de março, e os resultados também estão de acordo com Ganapathy (2010), que referiu que o pico de incidência da broca da vagem manchada no feijão-frade e no feijão bóer começou em 40th (outubro) a 47th semana padrão (novembro).

4.1.4. Matriz de correlação da relação entre os parâmetros meteorológicos e a população dos principais insectos pragas do feijão-frade.

Na natureza, a população de insectos nocivos nunca é verdadeiramente estável. O aumento e a diminuição da densidade populacional de qualquer organismo dependem de factores abióticos como a temperatura, a humidade, as horas de sol, a precipitação, *etc.* Para conhecer o efeito de vários parâmetros meteorológicos na flutuação da população das principais pragas de insectos do feijão-frade, os dados obtidos na dinâmica populacional de várias pragas foram correlacionados com os parâmetros meteorológicos e os resultados são apresentados no quadro 3.

4.1.4.1. Pragas sugadoras

Pulgão, *A. craccivora*

É evidente a partir dos dados da Tabela 3 que a população de pulgões apresentou uma correlação positiva altamente significativa com a evaporação (r= 0,742**) e uma correlação negativa com a precipitação (r= -0,489) e a humidade relativa da manhã (r= -0,016). No entanto, a temperatura máxima (r= 0,178), a temperatura mínima (r= 0,457), a humidade relativa da noite (r= 0,144), a pressão média de vapor (r= 0,340) e as horas de sol (r= 0,497) tiveram uma correlação positiva com a população de pulgões no feijão-frade, mas os resultados não foram significativos.

Anteriormente, Prasad *et al.* (2008) afirmaram que a temperatura máxima e a temperatura mínima apresentavam uma correlação positiva não significativa com a população de afídeos, o que está de acordo com as presentes conclusões. Estes resultados estão mais ou menos em conformidade com o trabalho de investigação anterior realizado por Augustine (201 1), que apresentou uma correlação negativa com a temperatura máxima diária, a velocidade do vento e as horas de sol e uma correlação positiva com a temperatura mínima diária e a humidade relativa.

Jassid, *E. kerri*

Os dados da análise do coeficiente de correlação do jassid em feijão-frade são apresentados no Quadro 3 e mostram claramente que a evaporação apresentou uma correlação positiva altamente significativa (r= 0,842**) com a população de jassid. No entanto, a precipitação (r= -0,196) mostrou uma correlação negativa não significativa, enquanto outros factores como a temperatura máxima (r= 0,063), a temperatura mínima (r= 0,531) a humidade relativa da manhã (r= 0,083) a humidade relativa da tarde (r= 0,297) a pressão média de vapor (r= 0,444) e as horas de sol (r= 0,438) mostraram uma correlação positiva não significativa.

No passado, Falerio *et al.* (1990) estudaram que a população de jassídeos não tinha uma correlação significativa com quaisquer factores ambientais, exceto a evaporação. A temperatura mínima e máxima e a humidade relativa tiveram uma correlação positiva não significativa. Assim, os resultados obtidos no presente estudo estão mais ou menos de acordo com os relatórios anteriores. Estas conclusões estão em estreita concordância com o trabalho realizado por Soratur *et al.* (2017), que observaram que a população de pragas apresentava uma correlação positiva com a temperatura elevada.

Foto 2: Insectos que infestam a planta de feijão-frade

Quadro 3: Matriz de correlação da relação entre os parâmetros meteorológicos e a população dos principais insectos pragas do feijão-frade

Sr. Não.	Pragas de insectos	Temperatura		Humidade relativa		Evapo (mm/dia)	Rf (mm)	Horas de sol	MédiaVP
		Temperatura máxima °C	Temperatura mínima °C	Humidade relativa matinal	Humidade relativa da tarde				
1	Pulgão	0.178	0.457	-0.016	0.144	0.742†	-0.489	0.497	0.340
2	Jassid	0.063	0.531	0.083	0.297	0.842**	-0.196	0.438	0.444
3	Mosca branca	0.212	0.224	-0.044	0.007	0.787**	-0.496	0.707**	0.139
4	*H. armigera*	-0.017	0.550	0.011	0.315	0.764**	-0.122	0.343	0.460
5	*M. vitrata*	0.028	0.182	-0.180	0.024	0.660‡	-0.29	0.641**	0.102

†Significativo ao nível de 1 por cento (r = ± 0,6835)
‡ Significativo ao nível de 5 por cento (r = ± 0,5529)

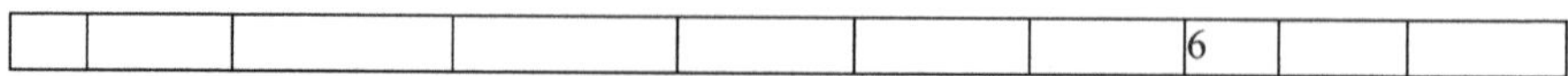

Mosca branca, *B. tabaci*

Os dados apresentados no Quadro 3 indicam que a população de mosca branca apresentou uma correlação positiva altamente significativa com as horas de sol (r= 0,707**) e a evaporação (r= 0,787**). A temperatura máxima (r= 0,212), a temperatura mínima (r= 0,224) a humidade relativa da noite (r= 0,007) e a pressão média de vapor (r= 0,139) mostraram uma correlação positiva não significativa. Outros factores como a precipitação (r= -0,496) e a humidade relativa matinal (r= -0,044) apresentaram uma correlação negativa não significativa.

Kumar *et al.* (2004) observaram que a temperatura e as horas de sol eram favoráveis para a população de mosca branca com uma correlação positiva em feijão mungo e feijão urdido, o que vai em linha com a presente investigação e também estes já foram estudados e confirmados por Swathi *et al.* (2015), que relataram que a temperatura mostra uma correlação positiva.

4.1.4.2 Brocas das vagens

Broca da vagem do feijão-frade, *H. armigera*

Os resultados apresentados na Tabela 3 indicaram que a população de *H. armigera* apresentou uma correlação significativamente positiva com a evaporação (r= 0,764**). Outros factores como a humidade relativa matinal (r= 0,011), a temperatura mínima (r= 0,550), a humidade relativa vespertina (r=0,315), as horas de sol (r= 0,343) e a pressão média de vapor (r= 0,460) apresentaram uma correlação positiva, enquanto os restantes factores como a temperatura máxima (r= -0,017) e a precipitação (r= -0,122) apresentaram uma correlação negativa com a população de *H. armigera*, mas os resultados não foram significativos.

Anteriormente, Kaneria (1994) estudou o efeito dos parâmetros meteorológicos na flutuação da população de *H. armigera* em ervilha-de-angola nas condições de Gujarat e referiu que a evaporação e as horas de sol apresentavam uma correlação significativamente positiva com a população da praga. De acordo com Parmar *et al.* (2005), estudos de correlação sobre *H. armigera* no quiabeiro revelaram uma correlação positiva entre as temperaturas máxima e mínima e a população da praga em Anand, Gujarat.

Broca da vagem manchada, *M. vitrata*

Os resultados apresentados no quadro 3 revelaram que a população larvar da broca da vagem mostrou uma correlação positiva significativa com a evaporação (r= 0,660*) e a hora de sol (r= 0,641 *), enquanto a correlação positiva não significativa com diferentes parâmetros meteorológicos como a temperatura máxima (r= 0.028), temperatura mínima (r= 0,182), humidade relativa nocturna (r= 0,024) e pressão média de vapor (r= 0,102) e todos os outros factores, como a humidade relativa matinal (r= -0,186) e a precipitação (r= -0,296), apresentaram uma correlação negativa não significativa.

Swathi *et al.* (2015) revelaram que nenhum dos parâmetros meteorológicos, como a humidade relativa e as horas de sol, tinha uma correlação negativa não significativa com a ocorrência da população de *M. vitrata*. Assim, o resultado obtido na presente investigação está mais ou menos em confirmação com o relatório anterior.

4.2 Avaliação de diferentes métodos de aplicação de insecticidas.

A experiência de campo foi conduzida para avaliar o efeito de diferentes combinações de insecticidas como quimigação vs pulverização foliar contra o complexo de pragas do feijão-caupi *viz.*, pulgão (*A. craccivora*), jassid (*E. kerri*), mosca branca (*B. tabaci*), broca da vagem do feijão-caupi (*H. armigera*) e broca da vagem manchada (*M. vitrata*) durante o verão de 2018. Os resultados obtidos são discutidos a seguir. Como já discutido no capítulo de material e metodologia, duas pulverizações e duas quimigações foram realizadas durante o período de cultivo.1st pulverização foliar e quimigação foram dadas no início da incidência de pragas, 2nd pulverização e quimigação foram dadas após 15 dias de 1st pulverização.1st pulverização e quimigação foram dadas para o controle de pragas sugadoras (pulgão, jassid e mosca branca) com inseticidas (Imidacloprid 17.8SL + Thiomethoxm 25WG). 2nd pulverização e quimigação para o controlo de pragas do tipo broca (broca da vagem do feijão-frade e broca da vagem manchada) com os insecticidas indicados (Chlorantraniliprole 18.5SC+Cynatraniliprole 10.26OD).

Foto 3: Diferentes métodos de aplicação de insecticidas

4.2. 1Pragas sugadoras

4.2.1.1Afídio , *A. craccivora*

As diferenças na população de pulgões registadas antes da pulverização foram consideradas não significativas entre os diferentes tratamentos, o que indica que a infestação de pulgões estava em condições homogéneas (Quadro 4).

A observação registada a 1 DAS (Quadro 4) indicou que a parcela tratada com insecticidas registou uma população de pulgões inferior à da parcela não tratada, ou seja, a testemunha. Entre os diferentes tratamentos de quimigação, a parcela tratada com Imidaclopride 17,8 SL + Cynatraniliprole 10,26 OD (índice de pulgões de 1,54) foi considerada o tratamento mais eficaz e foi igual ao tratamento Imidaclopride 17,8 SL + Chlorantraniliprole 18,5 SC (índice de pulgões de 1,75). Os restantes tratamentos, Thiomethoxm 25 WG + Cynatraniliprole 10.26 OD e Thiomethoxm 25 WG + Chlorantraniliprole 18.5 SC, foram menos eficazes e registaram 2.12 e 2.18 de índice de pulgões, respetivamente. Entre os diferentes tratamentos de pulverização foliar, Imidacloprid 17.8 SL + Cynatraniliprole 10.26 OD (0.96 índice de pulgões) foi considerado o tratamento mais superior e foi igual ao tratamento Imidacloprid 17.8 SL + Chlorantraniliprole 18.5 SC (1.16 índice de pulgões). Os restantes tratamentos, Thiomethoxm 25 WG + Cynatraniliprole 10.26 OD e Thiomethoxm 25 WG + Chlorantraniliprole 18.5 SC foram menos eficazes e registaram 1.51 e 1.72 de índice de pulgões, respetivamente. A maior população de pulgões foi observada no controlo (3,94 índice de pulgões).

A população de pulgões (quadro 4) registada no terceiro dia após a pulverização indica que todos os tratamentos insecticidas registaram uma menor população de pulgões em comparação com a testemunha. Entre os diferentes tratamentos de quimigação, o número mínimo de pulgões foi registado no tratamento Imidaclopride 17,8 SL + Cynatraniliprole 10,26 OD (1,40 pulgões

Quadro 4: Efeito de diferentes tratamentos insecticidas contra o afídeo *(A. craccivora)*							
N.º médio de *A. craccivora* (índice de afídeos)							
Sr. Não.	**Tratamento**	**Antes da pulverização**	**1 DAS**	**3DAS**	**7 DAS**	**14 DAS**	**Agrupado**
Quimigação							
1	Imidac lopride 17,8 SL+Clorantraniliprole 18,5 S C	1.96(3.34)*	1.50(1.75)*	1.44(1.57)*	1.40(1.46)*	1.55(1.81)*	1.47(1.66)*
2	Tiometoxm25 WG+Clorantraniliprole 18.5SC	1.89(3.07)	1.64(2.18)	1.61(2.09)	1.60(2.06)	1.75(2.56)	1.65(2.22)
3	Imidac lopride 17,8 S L+ Cynatraniliprole 10,26OD	1.94(3.26)	1.43(1.54)	1.38(1.40)	1.32(1.24)	1.49(1.72)	1.40(1.46)
4	Tiometoxm25WG+ Cynatraniliprole 10,26OD	1.97(3.38)	1.62(2.12)	1.58(1.99)	1.56(1.93)	1.72(2.45)	1.62(2.12)
5	Controlo (gota a gota)	1.99(3.46)	2.11(3.94)	2.02(3.60)	1.96(3.34)	1.99(3.47)	2.02(3.60)
	S. Em. ±	0.20	0.05	0.06	0.08	0.07	0.03
	C. D. a 5%	NS	0.17	0.19	0.23	0.21	0.10
	C. V. %	11.76	9.71	8.83	12.47	12.51	6.02
Pulverização foliar							
6	Imidac lopride 17,8 SL+Clorantraniliprole 18,5 S C	2.01(3.54)	1.29(1.16)	1.25(1.06)	1.22(0.98)	1.37(1.38)	1.28(1.13)
7	Tiometoxm25 WG+Clorantraniliprole 18.5SC	1.89(3.07)	1.49(1.72)	1.45(1.60)	1.41(1.48)	1.53(1.84)	1.46(1.63)
8	Imidac lopride 17,8 S L+ Cynatraniliprole 10,26OD	1.94(3.26)	1.21(0.96)	1.17(0.87)	1.14(0.79)	1.22(0.98)	1.18(0.89)
9	Tiometoxm25WG+ Cynatraniliprole 10,26OD	1.90(3.11)	1.42(1.51)	1.39(1.43)	1.33(1.26)	1.51(1.78)	1.41(1.49)
10	Controlo	1.99(3.46)	2.02(3.58)	1.99(3.46)	2.04(3.66)	2.11(3.95)	2.03(3.62)

	(pulverização de água)						
	S. Em. ±	0.16	0.06	0.07	0.06	0.05	0.06
	C. D. a 5%	NS	0.17	0.21	0.17	0.15	0.17
	C. V. %	9.92	10.97	12.23	8.70	9.37	10.02
*Os valores entre parêntesis são valores retransformados, os valores fora dos parêntesis são Vx +0,5 Transformados va **DAS** Dias após a pulverização				ues			

índice de pulgões), que foi considerado o tratamento mais eficaz e foi estatisticamente igual ao tratamento Imidaclopride 17,8 SL + Clorantraniliprole 18,5 SC (índice de pulgões de 1,57). Foi observada uma população significativamente mais baixa de pulgões nos restantes tratamentos, *nomeadamente* Thiomethoxm 25 WG + Cynatraniliprole 10,26 OD e Thiomethoxm 25 WG + Chlorantraniliprole 18,5 SC, que registaram 1,99 e 2,09 índices de pulgões, respetivamente. Entre os diferentes tratamentos de pulverização foliar, as parcelas tratadas com insecticidas Imidaclopride 17,8 SL + Cynatraniliprole 10,26 OD foram registadas (0,87 índice de pulgões) e consideradas o tratamento mais promissor, sendo estatisticamente igual ao tratamento Imidaclopride 17,8 SL + Chlorantraniliprole 18,5 SC (1,06 índice de pulgões). Os restantes tratamentos, Thiomethoxm 25 WG + Cynatraniliprole 10.26 OD e Thiomethoxm 25 WG + Chlorantraniliprole 18.5 SC foram menos eficazes, registando 1,43 e 1,60 de índice de pulgões, respetivamente. A população de mosca branca mais elevada foi observada no controlo (índice de pulgões de 3,60).

Os dados (quadro 4) sobre a população de pulgões registados no sétimo dia após a pulverização indicam que todos os tratamentos insecticidas foram superiores à testemunha contra a população de pulgões. Entre os diferentes tratamentos de quimigação, foi registado um número mínimo de pulgões nas *parcelas* quimigadas com Imidaclopride 17,8 SL + Cynatraniliprole 10,26 OD (índice de pulgões de 1,24), seguido de Imidaclopride 17,8 SL + Chlorantraniliprole 18,5 SC (índice de pulgões de 1,46), Thiomethoxm 25 WG + Cynatraniliprole 10.26 OD e Thiomethoxm 25 WG + Chlorantraniliprole 18.5 SC foram menos eficazes registando 1.93 e 2.06 índice de pulgões respetivamente e quando comparamos os mesmos tratamentos em pulverização foliar os resultados revelaram que Imidacloprid 17.8 SL + Cynatraniliprole 10.26 OD (0.79 índice de pulgões) foi considerado o tratamento mais eficaz e foi estatisticamente igual ao tratamento Imidacloprid 17.8 SL + Chlorantraniliprole 18.5 SC (0.98 índice de pulgões). Os restantes tratamentos, Thiomethoxm 25 WG + Cynatraniliprole 10.26 OD e

Thiomethoxm 25 WG + Chlorantraniliprole 18.5 SC foram menos eficazes, registando 1,26 e 1,48 de índice de afídeos, respetivamente. A maior população de pulgões foi observada no controlo (3,66 índice de pulgões).

A leitura dos dados (quadro 4) registados no décimo quarto dia após a pulverização indica que todos os tratamentos insecticidas registaram uma população de pulgões inferior à da testemunha. Entre os diferentes tratamentos de quimigação, o Imidaclopride 17,8 SL + Cynatraniliprole 10,26 OD (índice de pulgões de 1,72) foi considerado o tratamento mais eficaz e foi igual ao tratamento Imidaclopride 17,8 SL + Chlorantraniliprole 18,5 SC (índice de pulgões de 1,81). Os restantes tratamentos, Thiomethoxm 25 WG + Cynatraniliprole 10.26 OD e Thiomethoxm 25 WG + Chlorantraniliprole 18.5 SC, foram menos eficazes, registando 2.45 e 2.56 3 índices de afídeos, respetivamente. Entre os diferentes tratamentos de pulverização foliar, Imidacloprid 17.8 SL + Cynatraniliprole 10.26 OD (0.98 índice de pulgões) foi considerado o tratamento mais eficaz e foi igual ao tratamento Imidacloprid 17.8 SL + Chlorantraniliprole 18.5 SC (1.38 índice de pulgões). Os restantes tratamentos, Thiomethoxm 25 WG + Cynatraniliprole 10.26 OD e Thiomethoxm 25 WG + Chlorantraniliprole 18.5 SC, foram menos eficazes, registando 1,78 e 1,84 de índice de pulgões, respetivamente. A maior população de pulgões foi observada no controlo (3,95 índice de pulgões).

Os dados agrupados ao longo dos períodos (Quadro 4 e Figura 3) indicaram que todos os tratamentos mostraram uma superioridade significativa no controlo da população de pulgões em relação ao controlo. No entanto, a população de pulgões significativamente mais baixa foi registada no tratamento de pulverização foliar, *ou seja,* Imidaclopride 17,8 SL + Cynatraniliprole 10,26 OD (índice de pulgões de 0,89), que registou uma população mínima de moscas brancas do que os restantes tratamentos, mas foi igual ao Imidaclopride 17,8 SL + Chlorantraniliprole 18,5 SC (índice de pulgões de 1,13). Os restantes tratamentos, Thiomethoxm 25 WG + Cynatraniliprole 10.26 OD e Thiomethoxm 25 WG + Chlorantraniliprole 18.5 SC foram menos eficazes, registando 1.49 e 1.63 de índice de pulgões, respetivamente. Entre os diferentes tratamentos de quimigação, Imidacloprid 17.8 SL + Cynatraniliprole

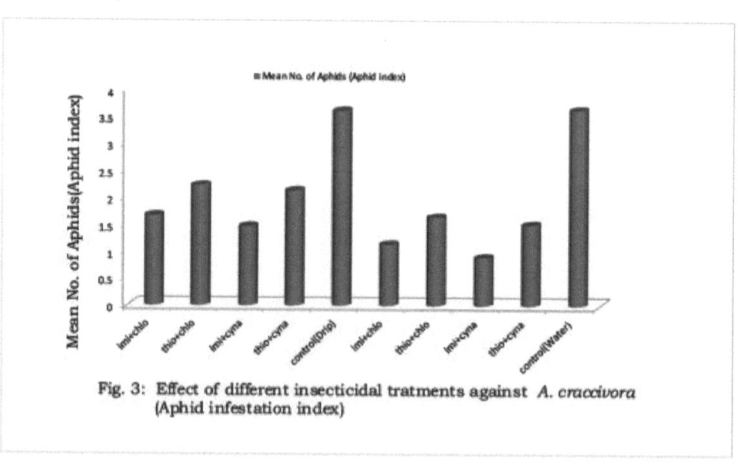

Fig. 3: Effect of different insecticidal tratments against *A. craccivora* (Aphid infestation index)

Fig. 3: Efeito de diferentes tratamentos insecticidas contra *A. craccivora* (índice de infestação de pulgões)

10.26 OD (1.46 índice de pulgões) foi considerado o tratamento mais eficaz e foi igual ao tratamento Imidacloprid 17.8 SL + Chlorantraniliprole 18.5 SC (1.66 índice de pulgões). Os restantes tratamentos, Thiomethoxm 25 WG + Cynatraniliprole 10.26 OD e Thiomethoxm 25 WG + Chlorantraniliprole 18.5 SC foram menos eficazes, registando 2.12 e 2.22 de índice de pulgões, respetivamente. A maior população de pulgões foi observada no controlo (3,62 índice de pulgões).

Os presentes resultados estão de acordo com Gupta *et al.* (1998), que relataram que a aplicação foliar de imidaclopride 200 SL foi altamente eficaz contra pragas sugadoras de algodão, especialmente contra pulgões das folhas, e que estes resultados também podem ser mais ou menos semelhantes aos de Liu *et al.* (2010), que realizaram um ensaio de campo com imidaclopride 2,5 EC contra o pulgão do feijão-frade (*Aphis craccivora*) e concluíram que o imidaclopride podia controlar eficazmente o pulgão do feijão-frade e que a eficácia era superior a 95,76% durante 1 dia a 10 dias após o controlo.

Pode deduzir-se que o tratamento inseticida com imidaclopride e tiametoxame deu maior mortalidade à população de afídeos em pulverização foliar quando comparado com os mesmos tratamentos em quimigação.

4.2.1.2 Jassid, *E. kerri*

As diferenças na população de pulgões registadas antes da pulverização foram consideradas não significativas entre os diferentes tratamentos, o que indica que a infestação de pulgões estava em condições homogéneas em toda a parcela experimental (Quadro 5).

Os dados apresentados no Quadro 5 no primeiro dia após a pulverização mostram que, entre os diferentes tratamentos de quimigação, Thiomethoxm 25 WG + Cynatraniliprole 10.26 OD registou uma população mais baixa de jassídeos (2,06 jassídeos/folha) e foi igual a Thiomethoxm 25 WG + Chlorantraniliprole 18.5 SC (2,29 jassídeos/folha). Os restantes tratamentos, Iimidaclopride 17,8 SL + Cynatraniliprole 10,26 OD e Imidaclopride 17,8 SL + Chlorantraniliprole 18,5 SC, foram menos eficazes, registando 3,38 e 3,50

Quadro 5: Efeito de diferentes tratamentos insecticidas contra o jassídeo *(E. kerri)*

		N.º médio de *E. kerri!* folha					
Sr. Não .	**Tratamento**	**Antes da pulverização**	**1 DAS**	**3DAS**	**7 DAS**	**14 DAS**	**Agrupado**
Quimigação							
1	Imidac lopride 17,8 SL+Clorantraniliprole 18,5 S C	2.62(6.36)*	2.00(3.50)*	1.57(1.96)*	1.50(1.75)*	1.60(2.06)*	1.66(2.26)*
2	Tiometoxm25 WG+Clorantraniliprole 18.5SC	2.67(6.62)	1.67(2.29)	1.49(1.72)	1.32(1.24)	1.40(1.46)	1.47(1.66)
3	Imidaclopride 17,8 SL+ Cynatraniliprole 10,26OD	2.61(6.31)	1.97(3.38)	1.56(1.93)	1.48(1.73)	1.58(1.99)	1.64(2.18)
4	Tiometoxm25WG+ Cynatraniliprole 10,26OD	2.49(5.70)	1.60(2.06)	1.35(1.32)	1.25(1.06)	1.30(1.19)	1.37(1.38)

5	Controlo (gota a gota)	2.53(5.90)	2.49(5.70)	2.61(6.34)	2.58(6.20)	2.68(6.73)	2.57(6.13)
	S. Em. ±	0.07	0.10	0.07	0.05	0.06	0.07
	C. D. a 5%	NS	0.32	0.20	0.14	0.18	0.21
	C. V. %	7.30	10.65	6.53	6.55	7.16	8.41
Pulverização foliar							
6	Imidac lopride 17,8 SL+Clorantraniliprol e 18,5 S C	2.61(6.31)	1.79(2.70)	1.57(1.96)	1.46(1.63)	1.48(1.69)	1.57(1.96)
7	Tiometoxm25 WG+Clorantranilipro le 18.5SC	2.57(6.10)	1.39(1.43)	1.05(0.60)	0.91(0.33)	1.30(1.19)	1.16(0.90)
8	Imidac lopride 17,8 S L+ Cynatraniliprole 10,26OD	2.51(5.80)	1.74(2.53)	1.35(1.32)	1.22(0.99)	1.47(1.66)	1.50(1.75)
9	Tiometoxm25WG+ Cynatraniliprole 10,26OD	2.62(6.36)	1.19(0.92)	0.91(0.33)	0.79(0.13)	1.18(0.89)	1.01(0.52)
10	Controlo (pulverização de água)	2.49(5.70)	2.67(6.62)	2.74(7.00)	2.87(7.73)	2.88(7.79)	2.80(7.34)
	S. Em. ±	0.20	0.08	0.06	0.05	0.07	0.07
	C. D. a 5%	NS	0.25	0.17	0.14	0.21	0.20
	C. V. %	12.67	10.87	9.84	8.36	7.79	11.31
*Os valores entre parênteses são valores retransformados, os valores fora dos parênteses são valores transformados Vx +0,5 **DAS** Dias após a pulverização							

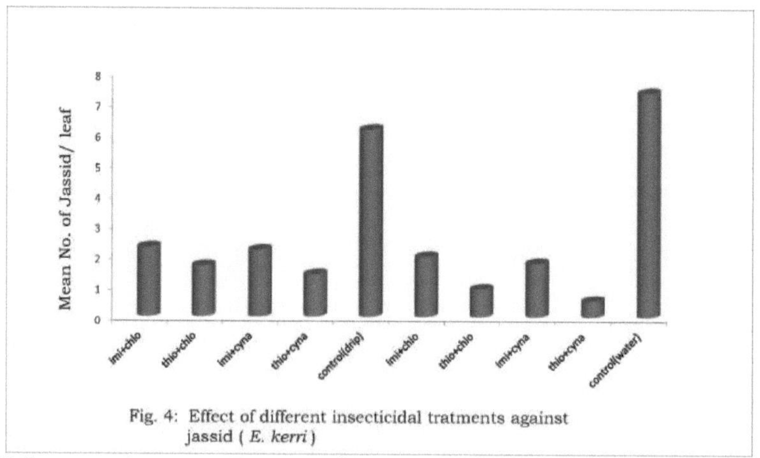

Fig. 4: Effect of different insecticidal tratments against jassid (*E. kerri*)

jassid/folha, respetivamente. Entre os diferentes tratamentos de pulverização foliar, o Thiomethoxm 25 WG + Cynatraniliprole 10.26 OD registou uma população mínima de pulgões (0,92 pulgões/folha) do que os restantes tratamentos, mas foi igual ao Thiomethoxm

25 WG + Chlorantraniliprole 18.5 SC (1,43 pulgões/folha). Os restantes tratamentos, Iimidaclopride 17,8 SL + Cynatraniliprole 10,26 OD e Imidaclopride 17,8 SL + Chlorantraniliprole 18,5 SC, foram menos eficazes, registando 2,53 e 2,70 jassídeos/folha, respetivamente. A maior população de jassídeos foi observada no controlo (6,62 jassídeos/folha).

Entre os diferentes tratamentos insecticidas, a população de pulgões registada três dias após a pulverização (Tabela 5) indicou que todos os tratamentos insecticidas registaram uma população mais baixa de pulgões em comparação com o controlo (gotejamento e pulverização com água). Entre os diferentes tratamentos de quimigação, a população de pulgões foi mínima na parcela tratada com Thiomethoxm 25 WG + Cynatraniliprole 10.26 OD (1.32 pulgões/folha) e foi igual a Thiomethoxm 25 WG + Chlorantraniliprole 18.5 SC (1.72 pulgões/folha). O segundo melhor tratamento, Iimidaclopride 17,8 SL + Cynatraniliprole 10,26 OD e Imidaclopride 17,8 SL + Chlorantraniliprole 18,5 SC, registou 1,93 e 1,96 jassídeos/folha, respetivamente. Entre os diferentes tratamentos de pulverização foliar, Thiomethoxm 25 WG + Cynatraniliprole 10.26 OD registou uma população de jassídeos significativamente mínima (0.33 jassídeos/folha) do que os restantes tratamentos, mas foi igual a Thiomethoxm 25 WG + Chlorantraniliprole 18.5 SC (0.60 jassídeos/folha), Iimidacloprid 17.8 SL + Cynatraniliprole 10.26 OD e Imidacloprid 17.8 SL + Chlorantraniliprole 18.5 SC foram moderadamente eficazes, registando 1.32 e 1.96 jassid/folha respetivamente. A população de jassídeos mais elevada foi observada no controlo (7,00 jassídeos/folha).

De acordo com a Tabela 5, os dados registados sobre a população de pulgões no sétimo dia após a pulverização e a quimigação indicaram que todos os tratamentos insecticidas registaram uma menor população de pulgões em comparação com o controlo (gota a gota e pulverização com água). Entre os diferentes tratamentos de quimigação, Thiomethoxm 25 WG + Cynatraniliprole 10.26 OD registou uma menor população de pulgões (1.06 pulgões/folha) e foi estatisticamente igual a Thiomethoxm 25 WG + Chlorantraniliprole 18.5 SC (1.24 pulgões/folha). O restante tratamento *viz,* Iimidacloprid 17.8 SL + Cynatraniliprole 10.26 OD e Imidacloprid 17.8 SL + Chlorantraniliprole 18.5 SC foram menos eficazes, registando 1.73 e 1.75 jassid/folha, respetivamente.26 OD registou uma população de jassídeos significativamente mínima (0,13 jassídeos/folha) do que os restantes tratamentos, mas foi igual ao Thiomethoxm 25 WG + Chlorantraniliprole 18,5 SC (0,33 jassídeos/folha). Os outros dois tratamentos, Iimidaclopride 17,8 SL + Cynatraniliprole 10,26 OD e Imidaclopride 17,8 SL + Chlorantraniliprole 18,5 SC, tiveram um desempenho moderado, registando 0,99 e 1,63 jassídeos/folha, respetivamente. A maior população de jassídeos foi observada no controlo (7,73 jassídeos/folha).

A leitura dos dados (Quadro 5) registados no décimo quarto dia após a pulverização indicou que todos os tratamentos insecticidas registaram uma menor população de pulgões em comparação com o controlo (gota a gota e pulverização com água). Entre os diferentes tratamentos de quimigação, o Thiomethoxm 25 WG + Cynatraniliprole 10.26 OD registou uma população mais baixa de pulgões (1,19 pulgões/folha) e foi igual ao Thiomethoxm 25 WG + Chlorantraniliprole 18.5 SC (1,46 pulgões/folha). Os restantes tratamentos, *nomeadamente* Iimidaclopride 17,8 SL + Cynatraniliprole 10,26 OD, Imidaclopride 17,8 SL + Chlorantraniliprole 18,5 SC, foram menos eficazes, registando 1,99 e 2,06 jassídeos/folha, respetivamente. Entre os diferentes tratamentos de pulverização foliar, Thiomethoxm 25 WG + Cynatraniliprole 10.26 OD registou uma população mínima de jassídeos (0.89

jassídeos/folha) do que os restantes tratamentos, mas foi igual a Thiomethoxm 25 WG + Chlorantraniliprole 18.5 SC (1.19 jassídeos/folha). Os restantes tratamentos, *a saber*, Iimidaclopride 17,8 SL + Cynatraniliprole 10,26 OD, Imidaclopride 17,8 SL + Chlorantraniliprole
18,5 SC foram menos eficazes, registando 1,66 e 1,69 jassídeos/folha, respetivamente. A maior população de jassídeos foi observada no controlo (7,79 jassídeos/folha).

Com referência ao Quadro 5 e à Figura 4, os dados agrupados ao longo dos períodos indicaram que todos os tratamentos mostraram uma superioridade significativa no controlo da população de pulgões em relação ao controlo. No entanto, a população de pulgões significativamente mais baixa foi registada no tratamento de pulverização foliar Thiomethoxm 25 WG + Cynatraniliprole 10.26 OD com (0.52 pulgões/folha) população de pulgões significativamente mínima do que nos restantes tratamentos, mas foi igual ao Thiomethoxm 25 WG + Chlorantraniliprole 18.5 SC (0.90 pulgões/folha). Os restantes tratamentos, Iimidaclopride 17,8 SL + Cynatraniliprole 10,26 OD, Imidaclopride 17,8 SL + Chlorantraniliprole 18,5 SC, foram menos eficazes, registando 1,75 e 1,96 jassídeos/folha, respetivamente. Entre os diferentes tratamentos de quimigação, Thiomethoxm 25 WG + Cynatraniliprole 10.26 OD registou uma população mais baixa de jassídeos (1,38 jassídeos/folha) e foi igual a Thiomethoxm 25 WG + Chlorantraniliprole 18.5 SC (1,66 jassídeos/folha). Os restantes tratamentos, Iimidaclopride 17,8 SL + Cynatraniliprole 10,26 OD, Imidaclopride 17,8 SL + Chlorantraniliprole 18,5 SC, foram menos eficazes, registando 2,18 e 2,26 jassídeos/folha, respetivamente. A maior população de jassídeos foi observada no controlo (7,34 jassídeos/folha).

Os resultados coincidiram com os de Bharpoda *et al.* (2014), que afirmaram que o tiometoxame 25 WG a 0,0125 por cento (1,22/folha) foi considerado um inseticida significativamente superior na descoberta da população de fungos da folha. E também relataram que o próximo melhor grupo de produtos químicos revelou que o imidaclopride e o tiametoxame, ambos pertencentes ao grupo dos neonicotinóides a 25 g a.i./ha, foram significativamente superiores no controle de pulgões e cigarrinhas no quiabeiro em comparação com outros inseticidas convencionais. Kumar *et al.* (2001) relataram que o tiametoxam 25 WG estava a par do imidaclopride (Gaucho, 600 FS) no tratamento de sementes a 12 ml/kg de sementes na redução da infestação de cigarrinhas.

Pode deduzir-se que o tratamento inseticida com tiametoxame e imidaclopride deu maior mortalidade à população de jassídeos em pulverização foliar quando comparado com os mesmos tratamentos em quimigação.

4.2.1.3 Mosca branca, *B. tabaci*

A população de mosca branca, *B. tabaci,* recodificada antes da aplicação dos diferentes tratamentos de pulverização inseticida e quimigação, apresentou resultados não significativos, indicando uma incidência homogénea da praga em todas as parcelas experimentais. (Tabela 6) Os dados (Quadro 6) sobre a população de mosca branca registada no primeiro dia após a pulverização indicam que todos os tratamentos insecticidas foram superiores à população de mosca branca em comparação com o controlo. Entre os diferentes tratamentos de quimigação, foram registados números mínimos de mosca branca em *parcelas* quimigadas com Imidaclopride 17,8 SL + Cynatraniliprole 10,26 OD (1,32 mosca branca/folha) seguido de Imidaclopride 17,8 SL + Chlorantraniliprole 18,5 SC (1,46 mosca branca/folha), Thiomethoxm 25 WG + Cynatraniliprole 10.26 OD e Thiomethoxm 25 WG + Chlorantraniliprole 18.5 SC foram menos eficazes registando 2.53 e 2.70 moscas brancas/folha respetivamente e quando comparamos os mesmos tratamentos em pulverização foliar os resultados revelaram que Imidacloprid 17.8 SL + Cynatraniliprole 10.26 OD (0.60 mosca branca/folha) foi considerado o tratamento mais eficaz e foi estatisticamente igual ao tratamento, Imidacloprid 17.8 SL + Chlorantraniliprole 18.5 SC (0.67 mosca branca/folha). Os restantes tratamentos, Thiomethoxm 25 WG + Cynatraniliprole 10.26 OD e Thiomethoxm 25 WG + Chlorantraniliprole 18.5 SC foram menos eficazes, registando 1.66 e 2.00 moscas brancas/folha, respetivamente. A maior população de mosca branca foi observada no controlo (4,08 mosca branca/folha).

A observação registada aos 3 DAS (Quadro 6) indicou que a parcela tratada com tratamentos insecticidas registou uma menor população de mosca branca em comparação com a parcela não tratada, ou seja, o controlo. Entre os diferentes tratamentos de quimigação, a parcela tratada com Imidaclopride 17,8 SL + Cynatraniliprole 10,26 OD (1,13 mosca branca/folha) foi considerada o tratamento mais eficaz e foi igual ao tratamento Imidaclopride 17,8 SL + Chlorantraniliprole 18,5 SC (1,32 mosca branca/folha). Os restantes tratamentos, Thiomethoxm 25 WG + Cynatraniliprole 10.26 OD e Thiomethoxm 25 WG + Chlorantraniliprole 18.5 SC foram menos eficazes, registando 1.78 e 1.96 moscas brancas/folha, respetivamente. Entre os diferentes tratamentos de pulverização foliar, o Imidaclopride 17,8 SL + Cynatraniliprole 10,26 OD (0,38 mosca branca/folha) foi considerado o tratamento mais superior e foi igual ao tratamento Imidaclopride 17,8 SL + Chlorantraniliprole 18,5 SC (0,46 mosca branca/folha). Os restantes tratamentos, Thiomethoxm 25 WG + Cynatraniliprole 10.26 OD e Thiomethoxm 25 WG + Chlorantraniliprole 18.5 SC foram menos eficazes, registando 1.46 e 1.81 moscas brancas/folha, respetivamente. A população mais elevada de mosca branca foi observada no controlo (3,70 mosca branca/folha).

A população de moscas brancas (quadro 6) registada no sétimo dia após a pulverização indica que todos os tratamentos insecticidas registaram uma população de moscas brancas inferior à do controlo. Entre os diferentes tratamentos de quimigação, registou-se um número mínimo de população de moscas brancas no tratamento Imidaclopride 17,8 SL + Cynatraniliprole 10,26 OD (0,80 moscas brancas/folha), que foi considerado o tratamento mais eficaz e foi estatisticamente igual ao tratamento Imidaclopride 17,8 SL + Chlorantraniliprole 18,5 SC (1,06 moscas brancas/folha). Foi observada uma população significativamente mais baixa de mosca branca nos restantes tratamentos, *nomeadamente* Thiomethoxm 25 WG + Cynatraniliprole 10.26 OD e Thiomethoxm 25 WG + Chlorantraniliprole 18.5 SC, que registaram 1,63 e 1,69 mosca branca/folha, respetivamente. Entre os diferentes tratamentos de pulverização foliar, as parcelas tratadas com insecticidas Imidaclopride 17,8 SL + Cynatraniliprole 10,26 OD foram registadas (0,26 mosca branca/folha) e consideradas o tratamento mais promissor, sendo estatisticamente igual ao tratamento Imidaclopride 17,8 SL + Chlorantraniliprole 18,5 SC (0,33 mosca branca/folha). Os restantes tratamentos, *nomeadamente* Thiomethoxm 25 WG + Cynatraniliprole 10,26 OD e
Thiomethoxm 25 WG + Chlorantraniliprole 18.5 SC foram menos eficazes, registando 1,19 e 1,46 moscas brancas/folha, respetivamente. A maior população de mosca branca foi observada no controlo (4,12 mosca branca/folha).

A leitura dos dados (Quadro 6) registados no décimo quarto dia após a pulverização indicou que todos os tratamentos insecticidas registaram uma população de mosca branca inferior à do controlo. Entre os diferentes tratamentos de quimigação, o Imidaclopride 17,8 SL + Cynatraniliprole 10,26 OD (1,06 mosca branca/folha) foi considerado o tratamento mais eficaz e foi igual ao tratamento Imidaclopride 17,8 SL + Chlorantraniliprole 18,5 SC (1,40 mosca branca/folha). Os restantes tratamentos, Thiomethoxm 25 WG + Cynatraniliprole 10.26 OD e Thiomethoxm 25 WG + Chlorantraniliprole 18.5 SC foram menos eficazes, registando 1.87 e 2.03 moscas brancas/folha, respetivamente. Entre os diferentes tratamentos de pulverização foliar, Imidaclopride 17,8 SL + Cynatraniliprole 10,26 OD (0,38 mosca branca/folha) foi considerado o tratamento mais eficaz e foi igual ao tratamento Imidaclopride 17,8 SL + Chlorantraniliprole 18,5 SC (0,46 mosca branca/folha). O restante tratamento *viz.*, Thiomethoxm 25 WG + Cynatraniliprole 10.26 OD assim como Thiomethoxm 25 WG + Chlorantraniliprole 18.5 SC foram menos eficazes registando 1.40 e 1.66 mosca branca/folha respetivamente. A população mais elevada de mosca branca foi observada no controlo (3,95 mosca branca/folha).

Os dados agrupados ao longo dos períodos (Quadro 6 e Figura 5) indicaram que todos os tratamentos mostraram uma superioridade significativa no controlo da população de mosca branca em relação ao controlo. No entanto, a população de mosca branca significativamente mais baixa foi registada no tratamento de pulverização foliar *i. e.,* Imidaclopride 17,8 SL + Cynatraniliprole 10,26 OD (0,42 mosca branca/folha) que registou uma população mínima de mosca branca do que os restantes tratamentos, mas foi igual ao Imidaclopride 17,8 SL + Chlorantraniliprole 18,5 SC (0,46 mosca branca/folha). Os restantes tratamentos, Thiomethoxm 25 WG + Cynatraniliprole 10.26 OD e Thiomethoxm 25 WG + Chlorantraniliprole 18.5 SC foram menos eficazes, registando 1.40 e 1.72 moscas brancas/folha, respetivamente. Entre os diferentes tratamentos de quimigação

Quadro 6: Efeito de diferentes tratamentos insecticidas contra a mosca branca *(B. tabaci)*

		N.º médio de folhas de *B. tabaci!*					
Sr. Não.	**Tratamento**	**Antes da pulverização**	**1 DAS**	**3DAS**	**7 DAS**	**14 DAS**	**Agrupado**
Quimigação							
1	Imidaclopride 17,8 S L+Clorantraniliprole 18,5 S C	2.07(3.78)*	1.40(1.46) *	1.35(1.32) *	1.25(1.06) *	1.38(1.40) *	1.35(1.32) *
2	Tiomethoxm25 W G+Clorantraniliprol e 18,5 SC	1.92(3.15)	1.79(2.70)	1.57(1.96)	1.48(1.69)	1.59(2.03)	1.60(2.06)
3	Imidaclopride 17,8 SL+ Cynatraniliprole 10,26OD	2.03(3.62)	1.35(1.32)	1.28(1.13)	1.14(0.80)	1.25(1.06)	1.25(1.06)
4	Tiometoxm25 W G+ Cynatraniliprole 10,26OD	1.99(3.46)	1.74(2.53)	1.51(1.78)	1.46(1.63)	1.54(1.87)	1.56(1.93)
5	Controlo (gota a gota)	2.01(3.54)	2.07(3.78)	2.02(3.58)	2.15(4.12)	2.09(3.87)	2.08(3.83)
	S. Em. ±	0.12	0.05	0.04	0.03	0.04	0.04

	C. D. a 5%	NS	0.15	0.13	0.10	0.12	0.12
	C. V. %	12.24	6.98	8.71	7.47	6.79	9.98
Pulverização foliar							
6	Imidaclopride 17,8 SL+Clorantranilipro le 18,5 SC	2.02(3.58)	1.08(0.67)	0.98(0.46)	0.91(0.33)	0.98(0.46)	0.98(0.46)
7	Tiomethoxm25 W G+Clorantraniliprol e 18,5 SC	2.09(3.86)	1.58(2.00)	1.52(1.81)	1.40(1.46)	1.47(1.66)	1.49(1.72)
8	Imidaclopride 17,8 SL+ Cynatraniliprole 10,26OD	2.11(3.95)	1.05(0.60)	0.94(0.38)	0.87(0.26)	0.94(0.38)	0.96(0.42)
9	Tiometoxm25 W G+ Cynatraniliprole 10,26OD	1.96(3.34)	1.47(1.66)	1.40(1.46)	1.30(1.19)	1.38(1.40)	1.38(1.40)
10	Controlo (pulverização de água)	2.01(3.54)	2.14(4.08)	2.05(3.70)	2.02(3.58)	2.11(3.95)	2.08(3.83)
	S. Em. ±	0.06	0.08	0.09	0.05	0.06	0.07
	C. D. a 5%	NS	0.23	0.28	0.16	0.19	0.22
	C. V. %	5.94	12.47	11.52	9.23	8.99	11.23

*Os valores entre parênteses são valores retransformados, os valores fora dos parênteses são valores transformados Vx +0,5 **DAS** Dias após a pulverização

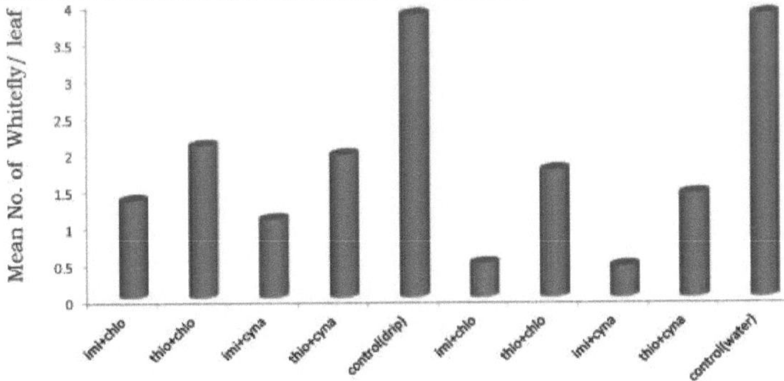

Fig. 5: Efeito de diferentes tratamentos insecticidas contra a mosca branca *(B. tabaci)*

Imidaclopride 17,8 SL + Cynatraniliprole 10,26 OD (1,06 mosca branca/folha) foi considerado o tratamento mais eficaz e foi igual ao tratamento Imidaclopride 17,8 SL + Chlorantraniliprole 18,5 SC (1,32 mosca branca/folha). Os restantes tratamentos, Thiomethoxm 25 WG + Cynatraniliprole 10.26 OD e Thiomethoxm 25 WG + Chlorantraniliprole 18.5 SC, foram menos eficazes, registando 1,93 e 2,06 moscas brancas/folha, respetivamente. A população mais elevada de mosca branca foi observada no controlo (3,83 mosca branca/folha).

Os resultados coincidem com os de Horowitz *et al.* (1998), que referiram que o imidaclopride @ 25 ml a.i./ha aos 2, 7 e 14 dias após a aplicação, foi considerado eficaz contra a população de mosca branca.

Pode deduzir-se que o tratamento inseticida com imidaclopride e tiametoxame deu maior mortalidade à população de afídeos em pulverização foliar quando comparado com os mesmos tratamentos em quimigação.

4.2. 2Brocas das vagens

4.2.2.1A broca da vagem do feijão-caupi , *H. armigera*

A população de *H. armigera* registada antes da aplicação dos tratamentos insecticidas apresentou resultados não significativos, indicando uma distribuição uniforme da população de *H. armigera* (Quadro 7).

A observação de larvas de *H.*armigera/planta a 1 DAS (Quadro 7) indicou que todos os tratamentos insecticidas registaram uma população mais baixa de *H.armigera* em comparação com o controlo. Entre os diferentes tratamentos de quimigação, o menor número (0,71 larvas/planta) foi registado nas parcelas tratadas com Imidaclopride 17,8 SL + Cynatraniliprole 10,26 OD, seguido de Thiomethoxm 25 WG + Cynatraniliprole 10,26 OD (0,86 larvas/planta). As restantes parcelas tratadas com insecticidas, *nomeadamente* Thiomethoxm 25 WG + Chlorantraniliprole 18.5 SC e Imidacloprid 17.8 SL + Chlorantraniliprole 18.5 SC, foram menos eficazes no controlo de *H.armigera,* tendo encontrado 1.19 e 1.32 larvas/planta, respetivamente. Entre os diferentes tratamentos de pulverização foliar, Imidacloprid 17.8 SL + Cynatraniliprole 10.26 OD (1.26 larvas/planta) foi considerado o tratamento mais eficaz e

Quadro 7: Efeito de diferentes tratamentos insecticidas contra a broca da vagem do feijão-frade *(H. armigera)*

		N.º médio de *H. armigera!* planta					
Sr. Não.	**Tratamento**	**Antes da pulverizaçã o**	**IDAS**	**3DAS**	**7 DAS**	**14 DAS**	**Agrupado**
Quimigação							
1	Imidaclopride 17,8 SL+Clorantraniliprole 18,5 S C	1.76(2.59)*	1.35(1.32)	1.30(1.19)	1.10(0.71)	1.28(1.13)	1.25(1.06)*
2	Tiomethoxm25 WG+Clorantraniliprole 18,5 SC	1.79(2.70)	1.30(1.19)	1.28(1.13)	1.08(0.66)	1.25(1.06)	1.22(0.99)
3	Imidaclopride 17,8 SL+ Cynatraniliprole 10,26OD	1.83(2.84)	1.10(0.71)	1.11(0.73)	0.89(0.29)	1.01(0.52)	1.02(0.54)
4	Tiometoxm25 W G+ Cynatraniliprole 10,26OD	1.81(2.78)	1.17(0.86)	1.14(0.80)	0.93(0.36)	1.10(0.71)	1.08(0.66)
5	Controlo (gota a gota)	1.83(2.84)	1.86(2.96)	1.92(3.18)	1.99(3.46)	1.81(2.78)	1.89(3.08)
	S. Em. ±	0.10	0.04	0.03	0.04	0.07	0.04
	C. D. a 5%	NS	0.12	0.09	0.13	0.20	0.12
	C. V. %	10.65	7.58	6.04	9.95	10.93	8.36

Pulverização foliar							
6	Imidaclopride 17,8 SL+Clorantraniliprole 18,5 SC	1.75(2.56)	1.51(1.78)	1.44(1.57)	1.35(1.32)	1.38(1.40)	1.42(1.52)
7	Tiomethoxm25 WG+Clorantraniliprole 18,5 SC	1.82(2.81)	1.49(1.72)	1.43(1.54)	1.33(1.26)	1.35(1.32)	1.40(1.46)
8	Imidaclopride 17,8 SL+ Cynatraniliprole 10,26OD	1.77(2.63)	1.33(1.26)	1.28(1.14)	1.10(0.71)	1.20(0.94)	1.22(0.99)
9	Tiometoxm25 W G+ Cynatraniliprole 10,26OD	1.83(2.84)	1.34(1.30)	1.29(1.16)	1.17(0.86)	1.22(0.98)	1.25(1.06)
10	Controlo (pulverização de água)	1.78(2.66)	1.82(2.81)	1.85(2.92)	1.93(3.22)	1.89(3.07)	1.87(2.99)
	S. Em. ±	0.09	0.06	0.05	0.07	0.04	0.05
	C. D. a 5%	NS	0.18	0.15	0.20	0.12	0.15
	C. V. %	11.52	10.58	10.60	12.47	11.76	11.96

foi igual ao tratamento Thiomethoxm 25 WG + Cynatraniliprole 10.26 OD (1.30 larvas/planta). Enquanto que os tratamentos Thiomethoxm 25 WG + Chlorantraniliprole 18.5 SC e Imidacloprid 17.8 SL + Chlorantraniliprole 18.5 SC se revelaram menos eficazes no controlo da população de *H.armigera*, registando 1.72 e 1.78 larvas/planta, respetivamente. A maior população de *H.armigera* foi observada no controlo (2,96 larvas/planta).

Aos 3 DAS, os dados (Quadro 7) indicam uma população mínima de *H. armigera* em todos os tratamentos insecticidas, em comparação com o controlo. Entre os diferentes tratamentos de quimigação, o Imidaclopride 17,8 SL + Cynatraniliprole 10,26 OD foi o tratamento mais promissor (0,73 larvas/planta) e foi igual ao tratamento Thiomethoxm 25 WG + Cynatraniliprole 10,26 OD (0,80 larvas/planta). Enquanto que os restantes tratamentos, Thiomethoxm 25 WG + Chlorantraniliprole 18.5 SC e Imidacloprid 17.8 SL + Chlorantraniliprole 18.5 SC foram menos eficazes e registaram 1.13 e 1.19 larvas/planta respetivamente. Entre os diferentes tratamentos de pulverização foliar, o Imidaclopride 17,8 SL + Cynatraniliprole 10,26 OD (1,14 larvas/planta) foi considerado o tratamento mais eficaz e foi igual ao tratamento Thiomethoxm 25 WG + Cynatraniliprole 10,26 OD (1,16 larvas/planta). Os restantes tratamentos, Thiomethoxm 25 WG + Chlorantraniliprole 18.5 SC e Imidacloprid 17.8 SL + Chlorantraniliprole 18.5 SC foram menos eficazes e registaram 1.54 e 1.57 larvas/planta, respetivamente. A maior população de *H. armigera* foi observada no controlo (3,18 larvas/planta).

A leitura dos dados (quadro 7) registados no sétimo dia após a pulverização indicou que todos os tratamentos insecticidas registaram uma população mais baixa de *H. armigera*, exceto o controlo. Entre os diferentes tratamentos de quimigação, Imidaclopride 17,8 SL + Cynatraniliprole 10,26 OD (0,29 larvas/planta) foi considerado o tratamento mais eficaz e foi igual ao tratamento Thiomethoxm 25 WG + Cynatraniliprole 10,26 OD (0,36 larvas/planta).

Os restantes tratamentos, Thiomethoxm 25 WG + Chlorantraniliprole 18.5 SC e Imidacloprid 17.8 SL + Chlorantraniliprole 18.5 SC foram menos eficazes, registando 0.66 e 0.71 larvas/planta, respetivamente. Entre os diferentes tratamentos de pulverização foliar, o Imidaclopride 17,8 SL + Cynatraniliprole 10,26 OD (0,71 larvas/planta) foi considerado o tratamento mais eficaz e foi igual ao tratamento Thiomethoxm 25 WG + Cynatraniliprole 10,26 OD (0,86 larvas/planta). Os restantes tratamentos, Thiomethoxm 25 WG + Chlorantraniliprole 18.5 SC, Imidacloprid 17.8 SL + Chlorantraniliprole 18.5 SC foram menos eficazes, registando 1.26, 1.32 larvas/planta respetivamente. A população mais elevada de *H.armigera* foi observada no controlo (3,46 larvas/planta).

A observação registada aos 14 DAS (Quadro 7) indicou que todos os tratamentos insecticidas registaram uma população de *H.armigera* significativamente inferior à do controlo. Entre os diferentes tratamentos de quimigação, Imidaclopride 17,8 SL + Cynatraniliprole 10,26 OD (0,52 larvas/planta) foi considerado o tratamento mais eficaz e foi igual ao tratamento Thiomethoxm 25 WG + Cynatraniliprole 10,26 OD (0,71 larvas/planta). Os restantes tratamentos, Thiomethoxm 25 WG + Chlorantraniliprole 18.5 SC e Imidacloprid 17.8 SL + Chlorantraniliprole 18.5 SC foram menos eficazes e registaram 1.06 & 1.13 larvas/planta respetivamente. Entre os diferentes tratamentos de pulverização foliar, Imidacloprid 17.8 SL + Cynatraniliprole 10.26 OD (0.94 larvas/planta) foi considerado o tratamento mais eficaz e foi igual ao tratamento, Thiomethoxm 25 WG + Cynatraniliprole 10.26 OD (0.98 larvas/planta). Os restantes tratamentos, Thiomethoxm 25 WG + Chlorantraniliprole 18.5 SC, Imidacloprid 17.8 SL + Chlorantraniliprole 18.5 SC foram menos eficazes e registaram 1.32, 1.40 larvas/planta respetivamente. A maior população de *H.armigera* foi observada no controlo (3,07 larvas/planta).

A combinação dos dados relativos aos períodos de pulverização (Quadro 7 e Figura 6) revelou que todos os tratamentos mostraram uma superioridade significativa no controlo da população de *H. armigera em* relação ao controlo. No entanto, a população de *H. armigera* significativamente mais baixa foi registada no tratamento

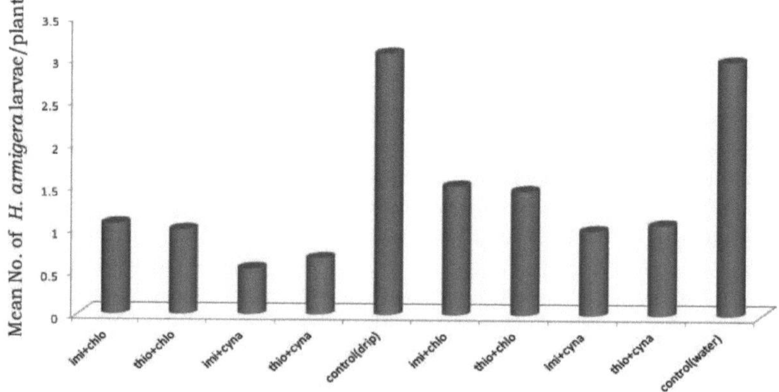

Fig. 6: Efeito de diferentes tratamentos insecticidas contra a broca da vagem do feijão-frade *(H. armigera)*

O tratamento de quimigação Imidaclopride 17.8 SL + Cynatraniliprole 10.26 OD (0.54 larvas/planta) foi considerado o tratamento mais eficaz e foi igual ao tratamento Thiomethoxm 25 WG + Cynatraniliprole 10.26 OD (0.66 larvas/planta). Os restantes tratamentos, *nomeadamente*, Thiomethoxm 25 WG + Chlorantraniliprole 18.5 SC, Imidacloprid 17.8 SL + Chlorantraniliprole 18.5 SC foram menos eficazes e registaram 0.99, 1.06 larvas/planta respetivamente. Entre os diferentes tratamentos de pulverização foliar, Imidacloprid 17.8 SL + Cynatraniliprole 10.26 OD (0.99 larvas/planta) foi considerado o tratamento mais eficaz e foi igual ao Thiomethoxm 25 WG + Cynatraniliprole 10.26 OD (1.06 larvas/planta). Os restantes tratamentos, Thiomethoxm 25 WG + Chlorantraniliprole 18.5 SC e Imidacloprid 17.8 SL + Chlorantraniliprole 18.5 SC foram menos eficazes e registaram 1.46, 1.52 larvas/planta respetivamente. A população mais elevada de *H. armigera* foi observada no controlo (3,08 larvas/planta).

Os resultados actuais estão de acordo com Hosamani *et al.* (2013). Verificaram que, sete dias após a pulverização, os números mais baixos de larvas foram registados no cholrantraniliprole 20 SC @ 30 g a.i. /ha, que registou 0,60 larvas por metro de comprimento de linha de grão-de-bico. Mishra (2015) avaliou a bioeficácia de uma nova antranilicdiamida, o ciantraniliprole (cyazypyr), contra a infestação de *Helicoverpa armigera no* tomateiro.3-0,4) e (0,5) por planta aos sete dias após a pulverização foi registada nos tratamentos com ciantraniliprole (HGH 86) 10% OD @ 90 e 105g a.i./ha com 85,8-89,6 e 84,4-85,95 de redução na população de larvas em relação ao controlo não tratado.

A partir das investigações acima referidas, pode inferir-se que a redução máxima de larvas foi encontrada nos tratamentos insecticidas com o Cynatraniliprole e o Chlorantraniliprole, que deram maior mortalidade à população de *H.armigera* em quimigação quando comparados com os mesmos tratamentos em pulverização foliar.

4.2.2.2 Broca da vagem manchada, *M. vitrata*

As diferenças na população de *M. vitrata* registadas antes da pulverização foram consideradas não significativas entre os diferentes tratamentos, o que indica que a infestação de *M. vitrata* estava em condições homogéneas (Quadro 8).

Os dados (quadro 8) registados no primeiro dia após a pulverização indicam que todos os tratamentos insecticidas registaram uma população de *M. vitrata* inferior à do controlo. Entre os diferentes tratamentos de quimigação, o Imidaclopride 17,8 SL + Cynatraniliprole 10,26 OD (1,19 larvas/planta) foi considerado o tratamento mais eficaz e foi igual ao tratamento Thiomethoxm 25 WG + Cynatraniliprole 10,26 OD (1,27 larvas/planta). Os restantes tratamentos, Thiomethoxm 25 WG + Chlorantraniliprole 18.5 SC e Imidacloprid 17.8 SL + Chlorantraniliprole 18.5 SC, foram menos eficazes no controlo de *M. vitrata* e registaram 1.78 e 1.90 larvas/planta, respetivamente. Entre os diferentes tratamentos de pulverização foliar, Imidacloprid 17.8 SL + Cynatraniliprole 10.26 OD (1.81 larvas/planta) foi considerado o tratamento mais eficaz e foi igual ao Thiomethoxm 25 WG + Cynatraniliprole 10.26 OD (1.84 larvas/planta). Os restantes tratamentos, Thiomethoxm 25 WG + Chlorantraniliprole 18.5 SC, Imidacloprid 17.8 SL + Chlorantraniliprole 18.5 SC foram menos eficazes e registaram 2.39, 2.46 larvas/planta respetivamente. A maior população de *M. vitrata* foi observada no controlo (3,38 larvas/planta).

A população de *M. vitrata* registada no (Quadro 8) terceiro dia após a pulverização indicou que todos os tratamentos insecticidas registaram uma população mais baixa de *M. vitrata* em comparação com o controlo. Entre os diferentes tratamentos de quimigação, as parcelas tratadas com Imidaclopride 17,8 SL + Cynatraniliprole 10,26 OD (0,99 larvas/planta) foram consideradas mais eficazes e foram estatisticamente iguais a Thiomethoxm 25 WG + Cynatraniliprole 10,26 OD (1,06 larvas/planta). Os restantes tratamentos, Thiomethoxm 25 WG + Chlorantraniliprole 18.5 SC e Imidacloprid 17.8 SL

Quadro 8: Efeito de diferentes tratamentos insecticidas contra a broca da vagem do feijão-frade *(M. vitrata)*							
N.º médio de larvas de *M.*vitrata/planta							
Sr. Não.	**Tratamento**	**Antes da pulverização**	**1 DAS**	**3DAS**	**7 DAS**	**14 DAS**	**Agrupado**
Quimigação							
1	Imidaclopride 17,8 S L+Clorantraniliprole 18,5 S C	1.81(2.78)*	1.55(1.90)	1.48(1.69)	1.39(1.43)	1.38(1.40)	1.45(1.60)*
2	Tiomethoxm25 W G+Clorantraniliprole 18,5 SC	1.78(2.67)	1.51(1.78)	1.44(1.57)	1.35(1.32)	1.37(1.38)	1.42(1.51)
3	Imidaclopride 17,8 SL+ Cynatraniliprole 10,26OD	1.83(2.84)	1.30(1.19)	1.22(0.99)	1.08(0.67)	1.11(0.73)	1.18(0.89)
4	Tiometoxm25 W G+ Cynatraniliprole 10,26OD	1.76(2.59)	1.33(1.27)	1.25(1.06)	1.11(0.73)	1.17(0.87)	1.21(0.96)
5	Controlo (gota a gota)	1.79(2.70)	1.86(2.95)	1.90(3.11)	1.95(3.30)	1.94(3.26)	1.91(3.14)
	S. Em. ±	0.10	0.06	0.06	0.04	0.05	0.06
	C. D. a 5%	NS	0.18	0.17	0.13	0.15	0.18
	C. V. %	12.30	8.37	10.01	9.69	8.64	9.35
Pulverização foliar							
6	Imidaclopride 17,8 S L+Clorantraniliprole 18,5 S C	1.87(2.99)	1.72(2.46)	1.66(2.26)	1.54(1.87)	1.58(2.00)	1.63(2.15)
7	Tiomethoxm25 W G+Clorantraniliprole 18,5 SC	1.78(2.67)	1.70(2.39)	1.64(2.18)	1.53(1.84)	1.56(1.93)	1.61(2.09)
8	Imidaclopride 17,8 SL+ Cynatraniliprole 10,26OD	1.85(2.92)	1.52(1.81)	1.45(1.60)	1.35(1.32)	1.35(1.32)	1.42(1.52)
9	Tiometoxm25 W G+ Cynatraniliprole 10,26OD	1.86(2.95)	1.53(1.84)	1.47(1.66)	1.37(1.38)	1.37(1.38)	1.44(1.57)
10	Controlo (pulverização de água)	1.79(2.70)	1.97(3.38)	1.88(3.03)	2.01(3.54)	1.86(2.95)	1.93(3.22)
	S. Em. ±	0.20	0.05	0.07	0.06	0.09	0.07
	C. D. a 5%	NS	0.17	0.15	0.14	0.15	0.16
	C. V. %	11.76	9.17	12.51	8.83	9.71	9.35

*Os valores entre parênteses são valores retransformados, os valores fora dos parênteses são valores transformados Vx +0,5 **DAS** Dias após a pulverização

O clorantraniliprole 18.5 SC foi menos eficaz, registando 1,57 e 1,69 larvas/planta, respetivamente, e ambos os tratamentos foram iguais entre si. Entre os diferentes tratamentos de pulverização foliar, o Imidaclopride 17,8 SL + Cynatraniliprole 10,26 OD (1,60 larvas/planta) foi considerado o tratamento mais eficaz e foi igual ao tratamento Thiomethoxm 25 WG + Cynatraniliprole 10,26 OD (1,66 larvas/planta). Enquanto que Thiomethoxm 25 WG + Chlorantraniliprole 18.5 SC e Imidacloprid 17.8 SL + Chlorantraniliprole 18.5 SC foram menos eficazes e registaram 2.18 e 2.26 larvas/planta respetivamente. A população mais elevada de *M. vitrata* foi observada no controlo (3,11 larvas/planta).

O resultado obtido após 7 DAS (Quadro 8) mostrou que todos os tratamentos insecticidas registaram uma população mais baixa de *M. vitrata* em comparação com o controlo. Entre os diferentes tratamentos de quimigação, Imidaclopride 17,8 SL + Cynatraniliprole 10,26 OD (0,67 larvas/planta) foi considerado o tratamento mais eficaz e foi igual ao tratamento Thiomethoxm 25 WG + Cynatraniliprole 10,26 OD (0,73 larvas/planta). Os restantes tratamentos, *nomeadamente*, Thiomethoxm 25 WG + Chlorantraniliprole 18.5 SC (1.32 larvas/planta) e Imidacloprid 17.8 SL + Chlorantraniliprole 18.5 SC (1.43 larvas/planta) foram menos eficazes. Entre os diferentes tratamentos de pulverização foliar, o Imidaclopride 17,8 SL + Cynatraniliprole 10,26 OD (1,32 larvas/planta) foi considerado o tratamento mais eficaz e foi igual ao Thiomethoxm 25 WG + Cynatraniliprole 10,26 OD (1,38 larvas/planta). Os restantes tratamentos, Thiomethoxm 25 WG + Chlorantraniliprole 18.5 SC e Imidacloprid 17.8 SL + Chlorantraniliprole 18.5 SC foram menos eficazes e registaram 1.84, 1.87 larvas/planta respetivamente. A população mais elevada de *M. vitrata* foi observada no controlo (3,54 larvas/planta).

Os dados (Quadro 8) registados no décimo quarto dia após a pulverização indicaram que, entre os diferentes tratamentos de quimigação, o Imidaclopride 17,8 SL + Cynatraniliprole 10,26 OD (0,73 larvas/planta) foi considerado o tratamento mais eficaz e foi igual ao tratamento Thiomethoxm 25 WG + Cynatraniliprole 10,26 OD (0,87 larvas/planta). Os restantes tratamentos

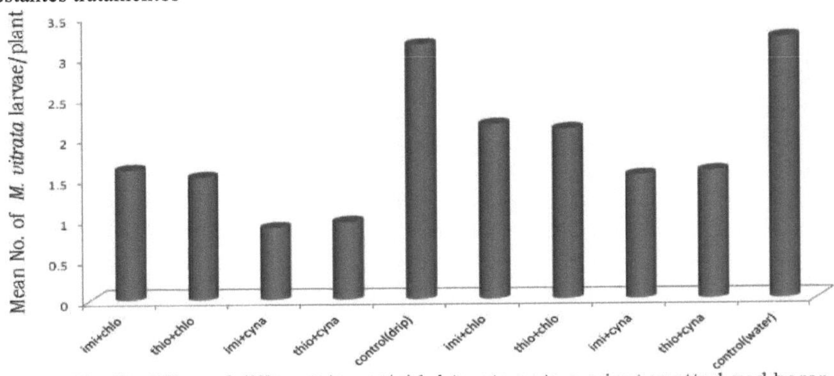

Fig. 7: Effect of different insecticidal treatments against spotted pod borer *(M. vitratd}*

viz., Thiomethoxm 25 WG + Chlorantraniliprole 18.5 SC e Imidacloprid 17.8 SL + Chlorantraniliprole 18.5 SC foram menos eficazes registando 1.38 e 1.40 larvas/planta respetivamente. Todos os tratamentos insecticidas registaram uma menor população de *M. vitrata* em comparação com o controlo. Entre os diferentes tratamentos de pulverização foliar, Imidacloprid 17.8 SL + Cynatraniliprole 10.26 OD (1.32 larvas/planta) foi considerado o tratamento mais eficaz e foi igual a Thiomethoxm 25 WG + Cynatraniliprole 10.26 OD (1.38 larvas/planta). Enquanto que Thiomethoxm 25 WG + Chlorantraniliprole 18.5 SC e Imidacloprid 17.8 SL + Chlorantraniliprole 18.5 SC foram considerados menos eficazes e registaram 1.93 e 2.00 larvas/planta respetivamente. A população mais elevada de *M. vitrata* foi observada no controlo (3,26 larvas/planta).

Os dados agrupados calculados (Quadro 8 e Figura 7) ao longo dos períodos indicaram que todos os tratamentos mostraram uma superioridade significativa no controlo da população de *M. vitrata* em relação ao controlo. No entanto, a população significativamente mais baixa de *M. vitrata foi* registada no tratamento de quimigação Imidaclopride 17.8 SL + Cynatraniliprole 10.26 OD (0.89 larvas/planta) foi considerado o tratamento mais eficaz e foi igual a Thiomethoxm 25 WG + Cynatraniliprole 10.26 OD (0.96 larvas/planta). Os restantes tratamentos, Thiomethoxm 25 WG + Chlorantraniliprole 18.5 SC e Imidacloprid 17.8 SL + Chlorantraniliprole 18.5 SC foram menos eficazes, registando 1.51 e 1.60 larvas/planta, respetivamente. Entre os diferentes tratamentos de pulverização foliar, Imidacloprid 17.8 SL + Cynatraniliprole 10.26 OD (1.52 larvas/planta) foi considerado o tratamento mais eficaz e foi igual ao Thiomethoxm 25 WG + Cynatraniliprole 10.26 OD (1.57 larvas/planta). Os restantes tratamentos, Thiomethoxm 25 WG + Chlorantraniliprole 18.5 SC e Imidacloprid 17.8 SL + Chlorantraniliprole 18.5 SC foram menos eficazes, registando 2.09 e 2.15 larvas/planta, respetivamente. A maior população de *M. vitrata* foi observada no controlo (3,22 larvas/planta).

Os resultados estão em consonância com Rachappa, *et al* (2014) que afirmaram que o ciantraniliprole 10,26%w/w od @ 60 g a.i./ha foi altamente eficaz no controlo de pragas de feijão-frade, registando os números médios mais baixos de larvas de *maruca vitrata* (0,13 teias/5 plantas). Raghavendra *et al.* (2016) revelaram que o ciantraniliprol (90 g a. i/ha) proporcionou um controlo de espetro cruzado de pragas de insectos, uma vez que registou o menor número de danos nos frutos por broca e broca de frutos (1,09%) aos 10 dias após a aplicação. A mesma tendência foi observada acima.

A partir das investigações acima, pode-se inferir que a redução máxima de larvas foi encontrada nos tratamentos com o Cynatraniliprole e o Chlorantraniliprole, que deram maior mortalidade na população de *M. vitrata* em quimigação quando comparados com os mesmos tratamentos em pulverização foliar.

4.2.3 Efeito da quimigação e da pulverização foliar de insecticidas no nódulo radicular *do rizóbio*

O número médio de rizóbios que afectam os nódulos radiculares dos diferentes tratamentos em pulverização foliar e quimigação em relação ao controlo, variou de 50,30 a 42,77 (Tabela 9 e Figura 8). O número máximo de nódulos de rizóbios foi observado na parcela de controlo, 49,50 e 50,30 respetivamente. Mas, no caso da aplicação foliar, há um maior número de nódulos de rizóbio em comparação com a quimigação, que é Thiomethoxm 25 WG + Cynatraniliprole 10.26 OD, Thiomethoxm 25 WG + Chlorantraniliprole 18.5 SC, Imidaclopride 17,8 SL + Cynatraniliprole 10,26 OD e Imidaclopride 17,8 SL + Chlorantraniliprole 18,5 SC 49,44, 48,70, 47,64 e 47,04 nódulos radiculares por 5 plantas, respetivamente. No caso da quimigação, o número de nódulos de rizóbio foi reduzido e registou 45,84, 46,57, 43,97 e 42,77, respetivamente. Também se observou que o tamanho dos nódulos também é pequeno no caso da quimigação, em comparação com a aplicação foliar e o controlo.

A partir do resultado acima, pode-se inferir que o tratamento inseticida com quimigação e pulverização foliar não mostra um efeito muito significativo sobre o nódulo da raiz e foram estatisticamente iguais entre si.

Quadro 9: Efeito de diferentes tratamentos insecticidas contra o rizóbio que afecta o nódulo radicular

Sr. Não.	**Tratamento**	**Número médio de *raiz de* rizóbio nódulo/5 planta**
Quimigação		
1	Imidaclopride17.8SL+Clorantraniliprole1 8.5SC	42.77
2	Tiometoxm25WG+Clorantraniliprole18.5SC	46.57
3	Imidaclopride17,8SL+ Cynatraniliprole10,26OD	43.97
4	Tiometoxm25WG+ Cynatraniliprole10.26OD	45.84
5	Controlo (gota a gota)	50.30
	S. Em. ±	1.55
	C. D. a 5%	4.62
	C. V. %	9.98
Pulverização foliar		
6	Imidaclopride17.8SL+Clorantraniliprole1 8.5SC	47.04
7	Tiometoxm25WG+Clorantraniliprole18.5SC	48.70
8	Imidaclopride17,8SL+ Cynatraniliprole10,26OD	47.64
9	Tiometoxm25WG+ Cynatraniliprole10.26OD	49.44
10	Controlo (pulverização de água)	49.50
	S. Em. ±	1.67
	C. D. a 5%	4.97
	C. V. %	8.41

Os presentes resultados estão de acordo com Kulkarni *et al* (1974), que afirmaram que o efeito dos insecticidas aplicados no solo reduziu significativamente o número de nódulos radiculares. De acordo com Simon et al. (2015), o grupo de insecticidas neonicotinóides, como o imidaclopride e o tiometoxime, tem um efeito adverso na população de minhocas e é responsável pela sua mortalidade, estando estes resultados em consonância com El-Naggar *et al.* (2013), que revelaram que o imidaclopride tinha efeitos mais adversos na fauna do solo.

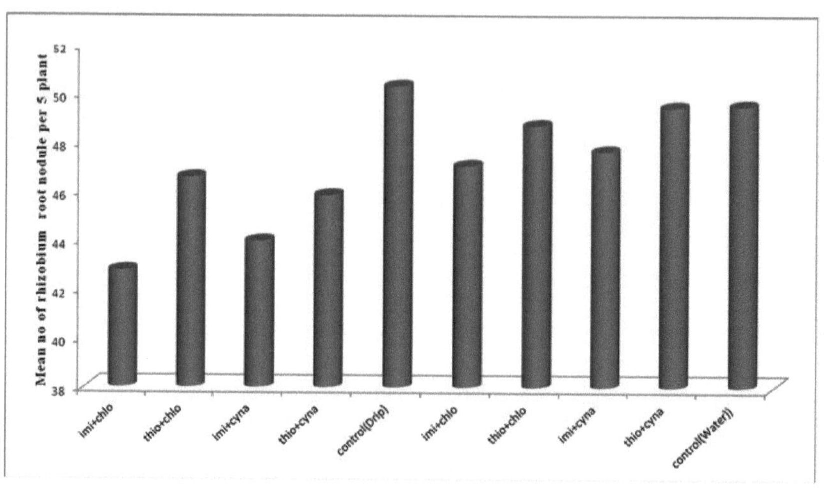

Fig. 8: Efeito da quimigação e da pulverização foliar de insecticidas no nódulo radicular de rizóbio na colheita

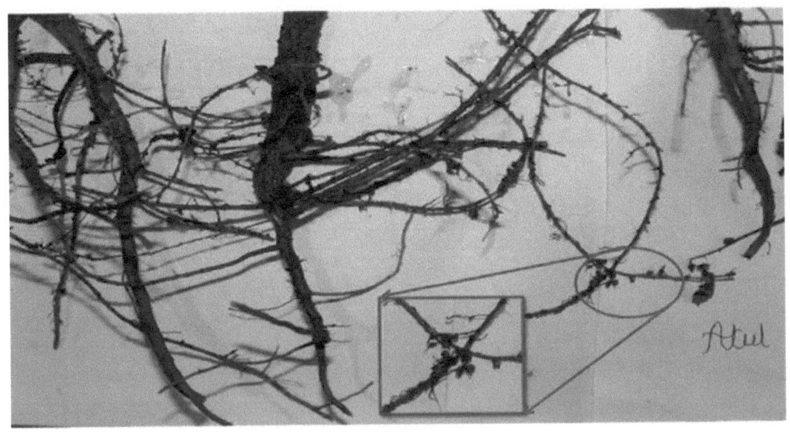

Foto 4: Nódulo radicular de Rhizobium observado na planta de feijão-caupi após a colheita

4.3.1. Rendimento dos diferentes tratamentos insecticidas

A melhor maneira de avaliar a eficácia dos insecticidas na agricultura é registar o rendimento dos tratamentos individualmente e compará-lo com o da testemunha. O rendimento do feijão-frade nos diferentes tratamentos variou de 13,74 a 7,00 quintais por hectare (Quadro 10 e Figura 9). Entre os diferentes tratamentos de quimigação, o maior rendimento foi registado no tratamento Imidaclopride 17.8 SL + Cynatraniliprole 10.26 OD (13.69 q/ha) e foi estatisticamente igual a todos os outros tratamentos *viz*, Imidacloprid 17.8 SL + Chlorantraniliprole 18.5 SC (12.99 q/ha), Thiomethoxm 25 WG + Cynatraniliprole 10.26 OD (12.02 q/ha) e Thiomethoxm 25 WG + Chlorantraniliprole 18.5 SC (11.52 q/ha). Entre os diferentes tratamentos de pulverização foliar, Imidacloprid 17.8 SL + Cynatraniliprole 10.26 OD (13.74 q/ha) foi o melhor tratamento seguido por todos os outros tratamentos restantes *viz*, Imidacloprid 17.8 SL + Chlorantraniliprole 18.5 SC (13.46 q/ha), Thiomethoxm 25 WG + Cynatraniliprole 10.26 OD (12.96 q/ha) e Thiomethoxm 25 WG + Chlorantraniliprole 18.5 SC (11.66 q/ha) O rendimento mais baixo foi obtido no controlo (7.2 q/ha, 7.0 q/ha).

Quadro 10: Efeito de diferentes tratamentos insecticidas na produção de vagens secas de feijão-frade

Sr. Não.	Tratamento	Rendimento (q/ha)	% de aumento do rendimento em relação ao controlo
Quimigação			
1	Imidacloprride17.8SL+Clorantraniliprole18.5SC	12.99	80.04
2	Tiometoxm25WG+Clorantraniliprole18.5SC	11.52	60.0
3	Imidacloprride17,8SL+ Cynatraniliprole10,26OD	13.69	90.13
4	Tiometoxm25WG+ Cynatraniliprole10.26OD	12.02	66.94
5	Controlo (gota a gota)	7.20	-
	S. Em. ±	0.73	-
	C. D. a 5%	2.19	-
	C. V. %	14.08	-
Pulverização foliar			
6	Imidacloprride17.8SL+Clorantraniliprole18.5SC	13.46	92.28
7	Tiometoxm25WG+Clorantraniliprole18.5SC	11.66	66.57
8	Imidacloprride17,8SL+ Cynatraniliprole10,26OD	13.74	96.29
9	Tiometoxm25WG+ Cynatraniliprole10.26OD	12.96	85.14
10	Controlo (pulverização de água)	7.0	-
	S. Em. ±	0.82	-
	C. D. a 5%	2.43	-
	C. V. %	12.45	-

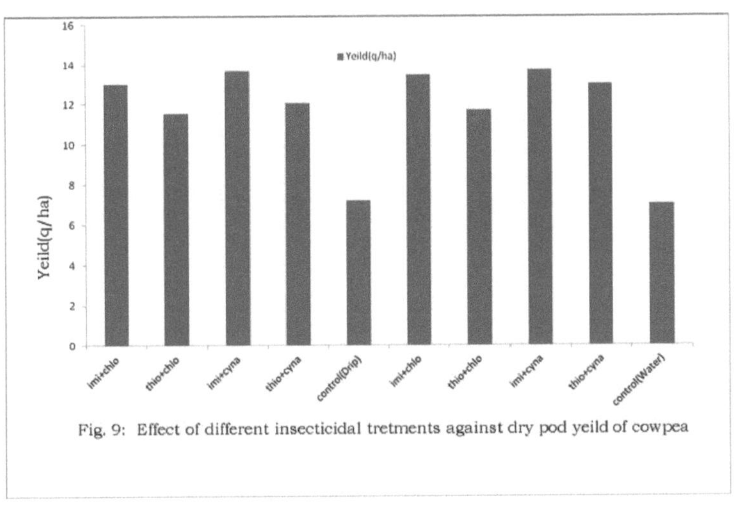

Fig. 9: Effect of different insecticidal tretments against dry pod yeild of cowpea

Quanto à percentagem de aumento do rendimento em relação ao controlo, variou de 96,29 a 60,00. O aumento máximo da percentagem de rendimento em relação à testemunha foi registado no tratamento de Imidaclopride 17,8 SL + Cynatraniliprole 10,26 OD (96,29%). O próximo melhor tratamento foi Imidacloprid 17.8 SL + Chlorantraniliprole 18.5 SC (92.28%) ambos os tratamentos estavam presentes em pulverização foliar, o próximo tratamento eficaz foi Imidacloprid 17.8 SL + Cynatraniliprole 10.26 OD (90.13%) que está presente na quimigação, Thiomethoxm 25 WG + Cynatraniliprole 10.26 OD (pulverização foliar) (80.15%), Imidacloprid 17.8 SL + Clorantraniliprole 18,5 SC (quimigação) (80,04%), Thiomethoxm 25 WG + Cyanatraniliprole 18,5 SC (quimigação)(66,94%), Thiomethoxm 25 WG + Chlorantraniliprole 18.5 SC (aplicação foliar) (66,57%), Thiomethoxm 25 WG + Chlorantraniliprole 18.5 SC registou o menor aumento (60,00 %) de rendimento em relação ao controlo no caso da quimigação.

A partir dos resultados acima referidos, pode concluir-se que a produção de vagens secas é mais elevada nos tratamentos em que está presente o imidaclopride + cintraniliprole, seguido dos tratamentos em que está presente o imidaclopride + clorantraniliprole, quer em caso de aplicação foliar quer de quimigação. Os resultados permitem-nos compreender claramente que o tratamento imidaclopride + cintraniliprole proporcionou um maior controlo de quase todas as principais pragas de insectos que atacam o feijão-frade.

4.2.2. Economia de diferentes combinações de insecticidas ao longo de com o seu modo de aplicação

A economia das diferentes combinações de insecticidas foi calculada juntamente com o rácio benefício/custo (BCR). A relação benefício/custo é um critério muito importante, que indica a eficácia e a adequação de uma recomendação para adoção em larga escala. A economia de várias combinações de insecticidas para o feijão-frade é apresentada no quadro 11

Quadro 11: Economia dos diferentes tratamentos insecticidas no feijão-frade

Sr. Não.	Tratamentos	Quantidade de inseticida necessária para 1 pulverização (1 ou kg/ha)	Custo da proteção fitossanitária, incluindo a mão de obra (Rs/ha)	Rendimento médio (q/ha)	Realização bruta da produção (Rs/ha)	Realização bruta em relação ao controlo (Rs/ha)	Lucro líquido (Rs/ha)	BCR
Quimigação								
1	Imidaclopride 17,8 SL + Clorantraniliprole 18,5 SC	0.28+0.3	4912.4	12.99	77940	34740	29827.6	1:6.07
2	Tiometoxm 25 WG + Clorantraniliprole 18,5 SC	0.4+0.3	5620	11.52	69120	25920	20300.0	1:3.61
3	Imidaclopride 17,8 SL + Cynatraniliprole 10,26 OD	0.28+0.3	5100.2	13.69	82140	38940	33839.8	1:6.63
4	Tiometoxm 25 WG + Cynatraniliprole 10.26 OD	0.4+0.3	5807.8	12.02	72120	28920	23112.2	1:3.97
5	Controlo (gota a gota)			7.20	43200			
Pulverização foliar								
6	Imidaclopride 17,8 SL + Clorantraniliprole 18,5 SC	0.28+0.3	5528.4	13.46	80760	38760	33231.6	1:6.01
7	Tiometoxm 25 WG + Clorantraniliprolo 18.5SC	0.4+0.3	6236	11.66	69960	27960	21724	1:3.48
8	Imidaclopride 17,8 SL + Cynatraniliprole 10.26 OD	0.28+0.3	5716.2	13.74	82440	40440	34723.8	1:6.07
9	Tiometoxm 25 WG + Cynatraniliprole 10.26 OD	0.4+0.3	6423.4	12.96	77760	35760	29336.6	1:4.56
10	Controlo (pulverização de água)			7.00	42000			
Custo dos insecticidas:								
	Imidaclopride 17,8 SL- Rs 2330/1 Tiametoxame 25 WG- Rs 3400/kg Clorantraniliprolo 18,5 SC-14,200/1 Cinatraniliprolo 10,26OD-14,826/1		Preço de mercado do feijão-frade: Rs 60/kg Custos fixos: Encargos de mão de obra: Rs 178/dia (não qualificados), Rs 308/dia (qualificados), custo do material de sementeira - Rs 408/kg					

		Número de quimigações/spray : 2

Nota: O custo da irrigação por gotejamento não está incluído, como a quimigação para os agricultores que já instalaram o sistema de irrigação por gotejamento.

Os dados revelaram que o rácio custo-benefício máximo de 1:6,63 foi obtido com o tratamento Imidaclopride 17,8 SL + Cynatraniliprole 10,26 OD pelo método de quimigação. Seguiram-se os tratamentos Imidaclopride 17,8 SL + Cynatraniliprole 10,26 OD (1:6,07) e Imidaclopride 17,8 SL + Chlorantraniliprole 18,5 SC (1:6,07) por pulverização foliar e quimigação, respetivamente. Imidaclopride 17,8 SL + Clorantraniliprole 18,5 SC (pulverização foliar) (1:6,01), Thiomethoxm 25 WG + Cynatraniliprole 10,26 OD (pulverização foliar) (1:4,56), Thiomethoxm 25 WG + Cynatraniliprole 10.26 OD (quimigação)(1:3.97), Thiomethoxm 25 WG + Chlorantraniliprole 18.5SC (quimigação) (1:3.61), Thiomethoxm 25 WG + Chlorantraniliprole 18.5SC (pulverização foliar) (1:3.48). Assim, ao analisar a economia de diferentes tratamentos de combinações de insecticidas, pode concluir-se que uma pulverização ou quimigação de tratamento inseticida com Imidaclopride 17.8 SL + Cynatraniliprole 10.26 OD é o melhor tratamento para eliminar quase todas as pragas de insectos do feijão-frade, obtendo uma boa relação custo-benefício. Pode concluir-se a partir dos dados que a quimigação é também uma boa alternativa para controlar as pragas de insectos tão eficazmente como a pulverização foliar e também reduziu o custo da mão de obra e poupou o tempo de aplicação com uma distribuição adequada e igual de insecticidas.

5 RESUMO E CONCLUSÃO

O feijão-frade, *Vigna ungiculata* (L.) Walp. é cultivado durante todo o ano em diferentes regiões do país. Uma série de insectos pragas infestam a cultura do feijão-frade, durante diferentes fases de crescimento, causando danos graves e tornando-se um fator limitante para o cultivo da cultura. Por conseguinte, é necessário um controlo eficaz das pragas para explorar todo o potencial de rendimento da cultura. Por conseguinte, foram feitos esforços para estudar a dinâmica populacional e a avaliação de diferentes métodos de aplicação de insecticidas para verificar a bioeficácia entre a quimigação e a aplicação foliar de insecticidas das principais pragas de insectos do feijão-frade. As conclusões importantes resultantes destas investigações são resumidas e apresentadas de seguida.

5.1 Dinâmica populacional dos principais insectos pragas do feijão-frade

5.1.1Afídio , *A. craccivora*

A população de pulgões começou no feijão-frade a partir da 2nd semana após a sementeira (WAS) durante a 4th semana de março, *ou seja,* 13th SMW com um índice de pulgões de 0,56 e continuou até 23rd SMW, quase na colheita da cultura. Além disso, a população de pulgões aumentou continuamente até 9th WAS (20th SMW) e atingiu um nível máximo de 3,0 índice de pulgões, coincidindo com a fase máxima de floração e formação de vagens durante 3rd semana de maio. O pico de atividade dos afídeos foi observado durante a 8th semana a 10th semana após a sementeira (19th a 21st SMW). Depois disso, a população de afídeos diminuiu até à maturidade da cultura.

A população de pulgões apresentou uma correlação positiva altamente significativa com a evaporação (r= 0,742**), e o pulgão foi negativamente correlacionado com a precipitação (r= -0,489) e a humidade relativa da manhã (r= - 0,016). No entanto, a temperatura máxima (r=0 ,178), a mínima

A temperatura (r= 0,457), a humidade relativa nocturna (r= 0,144), a pressão média de vapor (r= 0,340) e as horas de sol (r= 0,497) tiveram uma correlação positiva com a população de afídeos no feijão-frade, mas os resultados não foram significativos.

5.1.2 Jassid, *E. kerri*

A população de jassid começou a partir da 1st WAS, ou seja, 3rd semana de março (12th SMW) com 0,26 jassid/ 3 folhas/ planta. A incidência desta praga aumentou lentamente e atingiu um nível máximo (4,66 jassídeos/3 folhas/planta) na 8th semana após a sementeira, *ou seja*, na 5th semana de abril. (19th SMW) Depois disso, a população de jassídeos diminuiu gradualmente e atingiu um nível baixo (1,88 jassídeos/3 folhas/planta) na altura da colheita final. Esta praga esteve ativa durante todo o período de cultivo.

A população de jassídeos mostrou uma correlação positiva altamente significativa com a evaporação (r= 0,842**). No entanto, a precipitação (r= -0,196) mostrou uma correlação negativa não significativa, enquanto outros factores como a temperatura máxima (r= 0,063), a temperatura mínima (r= 0,531) a humidade relativa da manhã (r= 0,083) a humidade relativa da tarde (r= 0,297) a pressão média de vapor (r= 0,444) e as horas de sol (r= 0,438) mostraram uma correlação positiva não significativa.

5.1.3Mosca branca , *B. tabaci*

A população de mosca branca começou a partir de 1st WAS, *ou seja,* 3rd semana de março (12th SMW) com 0,66 mosca branca/3 folhas/planta. A população aumentou com o crescimento da cultura e atingiu um nível máximo de 4,06 moscas brancas por 3 folhas/planta durante 7th WAS na 1st semana de maio (18th SMW). A população de moscas brancas diminuiu depois disso continuamente, mas foi registada até à última colheita da cultura (0,64 moscas brancas/3 folhas/planta).

A população de mosca branca apresentou uma correlação positiva altamente significativa com as horas de sol (r= 0,707**) e a evaporação (r= 0,787**). A temperatura máxima (r= 0,212), a temperatura mínima (r= 0,224), a humidade relativa da noite (r= 0,007) e a pressão média de vapor (r= 0,139) apresentaram uma correlação positiva não significativa. Outros factores como a precipitação (r= -0,496) e a humidade relativa matinal (r= -0,044) apresentaram uma correlação negativa não significativa.

5.1.4Borracha da vagem do feijão-caupi , *H. armigera*

A população da broca da vagem do feijão-frade começou a partir de 5th WAS, *ou seja,* 3rd semana de abril (16th SMW), com o início da formação da flor e da vagem (1,62 larvas/planta). A população da praga atingiu um nível máximo (2,82 larvas/planta) durante 8th WAS, coincidindo com o pico da formação de vagens, *ou seja,* 2nd semana de maio (19th SMW) e depois diminuiu gradualmente e atingiu um nível baixo de 0,88 larvas por planta durante 2nd semana de junho (24th SMW)

A população de *H. armigera* mostrou uma correlação significativamente positiva com a evaporação (r= 0,764**). Outros factores como a humidade relativa matinal (r= 0,011), a temperatura mínima (r= 0,550), a humidade relativa vespertina (r=0,315), as horas de sol (r= 0,343) e a pressão média de vapor (r= 0,460) apresentaram uma correlação positiva, enquanto os restantes factores como a temperatura máxima (r= -0,017) e a precipitação (r= -0,122) apresentaram uma correlação negativa com a população de *H. armigera*, mas os resultados não foram significativos.

5.1.5M.*vitrata*, broca da vagem manchada

A população de *M. vitrata* começou a partir de 4th WAS *i.e.* 2nd semana de abril (15th SMW) com 0.24 larvas/planta. Coincidindo com o início da floração. A população atingiu um pico de 2,70 larvas por planta durante 8th WAS (19th SMW). Depois disso, a população da praga diminuiu durante todo o período de cultivo. A praga foi mais ativa durante 17th SMW a 20th SMW i.*e.* 4th semana de abril a 3rd semana de maio.

A população larvar da broca da vagem manchada mostrou uma correlação positiva significativa com a evaporação (r= 0,660*) e a hora de sol (r= 0,641*), enquanto uma correlação positiva não significativa com diferentes parâmetros meteorológicos, como a temperatura máxima (r= 0,028), a temperatura mínima (r= 0,182), a humidade relativa da noite (r= 0,024) e a pressão média de vapor (r= 0,102). E todos os outros factores, como a humidade relativa matinal (r= -0,186) e a precipitação (r= -0,296), mostraram uma correlação negativa não significativa.

5.2 Avaliação de diferentes métodos de aplicação de insecticidas

5.2. 1Pragas sugadoras

5.2.1.1Afídio , *A. craccivora*

Os resultados da avaliação de diferentes métodos de aplicação de insecticidas contra o afídeo mostraram que o tratamento de Imidaclopride 17,8 SL + Cynatraniliprole 10,26 OD (índice de afídeo de 0,89). O próximo tratamento eficaz foi o Imidaclopride 17,8 SL + Clorantraniliprole 18,5 SC (1,13 índice de pulgões) que estavam presentes na pulverização foliar, mas se compararmos todos estes mesmos tratamentos em quimigação, obtemos um número ligeiramente inferior de redução da população de pulgões que é de 1,46 e 1,66 índice de pulgões.

5.2.1.2 Jassid, *E. kerri*

O tratamento Thiomethoxm 25 WG + Cynatraniliprole 10.26 OD com (0.52 jassid/folha) foi o melhor tratamento contra a população de jassid. O próximo tratamento eficaz foi Thiomethoxm 25 WG + Chlorantraniliprole 18.5 SC (0.90 jassid/folha) no caso de pulverização foliar. Mas se compararmos esses tratamentos em quimigação, eles controlam uma porcentagem ligeiramente menor da população de jassid, que é de 1,38 e 1,66 jassid/folha, respetivamente. **5.2.1.3 Mosca branca, *B. tabaci***

Os resultados obtidos indicaram que a população de mosca branca significativamente mais baixa foi registada no tratamento de Imidaclopride 17,8 SL + Cynatraniliprole 10,26 OD (0,42 mosca branca/folha). O próximo tratamento eficaz foi o Imidaclopride 17,8 SL + Clorantraniliprole 18,5 SC (0,46 mosca branca/folha) por pulverização foliar, mas se compararmos todos estes mesmos tratamentos em quimigação, obtemos um número ligeiramente inferior de redução da população de mosca branca, que é de 1,06 e 1,32 mosca branca/folha.

Os resultados obtidos indicam claramente que a pulverização foliar de insecticidas sistémicos, como o imidaclopride e o tiometoxm, dá resultados rápidos e melhores para o controlo das categorias de pragas sugadoras do feijão-frade, como o afídeo, o jassídeo e a mosca branca, em comparação com a quimigação de insecticidas.

5.2.2As brocas das vagens

5.2.2.1A broca da vagem do feijão-caupi , *H. armigera*

A população de *H. armigera* significativamente mais baixa foi registada no tratamento de quimigação Imidacloprid 17.8 SL + Cynatraniliprole 10.26 OD (0.54 larvas/planta) e foi considerado o tratamento mais eficaz. O próximo tratamento eficaz foi Thiomethoxm 25 WG + Cynatraniliprole 10.26 OD (0.66 larvas/planta). Mas se compararmos os mesmos tratamentos na pulverização foliar de insecticidas, obtemos uma percentagem ligeiramente inferior de redução da população de larvas, que é de 0,99 e 1,06 larvas/planta.

5.2.2.2 Broca da vagem manchada, *M. vitrata*

A população mais baixa de *M. vitrata* foi registada no tratamento de quimigação Imidacloprid 17.8 SL + Cynatraniliprole 10.26 OD (0.89 larvas/planta). O próximo tratamento eficaz foi Thiomethoxm 25 WG + Cynatraniliprole 10.26 OD (0.96 larvas/planta) e se compararmos os mesmos tratamentos em pulverização foliar de insecticidas, obtemos uma percentagem ligeiramente inferior de redução da população larvar, que é de 1.52, 1.57 larvas/planta.

Os resultados obtidos indicam claramente que a quimigação de insecticidas do grupo das diamidas antranílicas, como o clorantraniliprole e o cyntraniliprole, dá melhores resultados no controlo das categorias de insectos pragas do feijão-frade, como a *H. armigera e a M. vitrata,* em comparação com a pulverização foliar de insecticidas.

5.2.3Efeito da quimigação e da pulverização foliar de insecticidas na *rizóbios* que afectam os nódulos radiculares

O número médio de rizóbios que afectam os nódulos radiculares dos diferentes tratamentos de pulverização foliar e quimigação em relação ao controlo variou de 50,30 a 42,77. O número máximo de nódulos de rhizobium foi observado na parcela de controlo, que é 49,50, 50,30 respetivamente. Enquanto que no caso da aplicação foliar há um maior número de nódulos de rhizobium em comparação com a quimigação, que é Thiomethoxm 25 WG + Cynatraniliprole 10,26 OD, Thiomethoxm 25 WG + Chlorantraniliprole 18,5 SC, Imidacloprid17,8 SL + Cynatraniliprole

10.26 OD e Imidacloprid 17.8 SL + Chlorantraniliprole 18.5 SC 49.44, 48.70, 47.64 e 47.04

respetivamente. No caso da quimigação, o número de nódulos de rizóbio foi reduzido e registado em 45,84, 46,57, 43,97 e 42,77, respetivamente. Também se observou que o tamanho dos nódulos também é pequeno no caso da quimigação, em comparação com a aplicação foliar e o controlo

5.2.4. Rendimento e economia

O rendimento obtido com os diferentes tratamentos variou de 13,74 a

7,00 quintal por hectare. Entre os diferentes tratamentos de quimigação, o maior rendimento foi registado no tratamento Imidacloprid 17.8 SL + Cynatraniliprole 10.26 OD (13.69 q/ha) e foi estatisticamente igual a todos os outros tratamentos *viz*, Imidacloprid 17.8 SL + Chlorantraniliprole 18.5 SC (12.99 q/ha), Thiomethoxm 25 WG + Cynatraniliprole 10.26 OD (12.02 q/ha) e Thiomethoxm 25 WG + Chlorantraniliprole 18.5 SC (11.52 q/ha). Entre os diferentes tratamentos de pulverização foliar, o Imidaclopride 17,8 SL + Clorantraniliprole 18,5 SC (13,46 q/ha) foi o melhor tratamento, seguido de todos os outros tratamentos restantes, *a* saber Imidacloprid 17.8 SL + Chlorantraniliprole 18.5 SC (13.46 q/ha), Thiomethoxm 25 WG + Cynatraniliprole 10.26 OD (12.96 q/ha) e Thiomethoxm 25 WG + Chlorantraniliprole 18.5 SC (11.66 q/ha). O rendimento mais baixo foi obtido no controlo (7.2 q/ha, 7.0 q/ha).

5.2.5Economia das diferentes combinações de insecticidas

Os dados revelaram que o rácio custo-benefício máximo de 1:6,63 foi obtido no tratamento Imidaclopride 17,8 SL + Cynatraniliprole 10,26 OD que estavam presentes na quimigação. Seguido por Imidaclopride 17,8 SL + Cynatraniliprole 10,26 OD (1:6,07) e Imidaclopride 17,8 SL + Chlorantraniliprole 18,5 SC (1:6,07) que estavam presentes em pulverização foliar e quimigação, respetivamente. Imidaclopride 17,8 SL + Clorantraniliprole 18,5 SC (pulverização foliar) (1:6,01), Tiometoxm 25 WG + Cynatraniliprole 10,26 OD (pulverização foliar) (1:4,56), Tiometoxm 25 WG + Cynatraniliprole 10.26 OD (quimigação)(1:3.97), Thiomethoxm 25 WG + Chlorantraniliprole 18.5SC (quimigação) (1:3.61), Thiomethoxm 25 WG + Chlorantraniliprole 18.5SC (pulverização foliar) (1:3.48).

Assim, ao analisar a economia de diferentes tratamentos de combinações de insecticidas, pode concluir-se que uma pulverização ou quimigação de tratamento inseticida com Imidaclopride 17,8 SL + Cynatraniliprole 10,26 OD é o melhor tratamento para eliminar quase a maioria das pragas de insectos do feijão-frade, obtendo uma boa relação custo-benefício.

REFERÊNCIAS

Abd-Ella, A. A. (2013). Toxicidade e persistência de inseticidas neonicotinóides selecionados no pulgão do feijão-caupi, *Aphis craccivora* (Koch). *Arquivos de Fitopatologia e Proteção de Plantas,* **11**: 45-50.

Adipala, E., Omongo, C. A., Sabiti, A., Obuo, J. E., Edema, R., Bua, B., Atyang, A., Nsubuga, E. N. e Ogenga-latigo, M. W. (1999). Pragas e doenças do feijão-frade no Uganda: Experiências de um inquérito de diagnóstico. *African Crop Science Journal,* **7**(4): 465-478.

Akhilesh, K. e Nath, P. K. (2004). Effect of weather parameters on population build-up of pigeon pea pod borers. *Indian Journal of Entomology,* **66**(4): 293-296.

Anandmurthy, T., Parmar, G. M. e Arvindarajan, G. (2018). Incidência sazonal das principais pragas sugadoras que infestam o feijão-caupi e sua relação com os parâmetros climáticos. *Revista Internacional de Proteção das Plantas*, **11**(1): 35-38.

Anusha, S., Swaminathan, R. e Jain, H. K. (2018). Bioeficácia de inseticidas no complexo de pragas sugadoras de algodão *Bt. Agricultura Verde*, **9**(6): 1023-1027.

Anónimo (2017-18). Relatório anual, Instituto Indiano de Investigação do Pulso, Kanpur. pp. 30 (Não publicado).

Anónimo (201 1). Mudança do cenário de pragas de insectos e doenças de culturas de leguminosas devido às alterações climáticas. Relatório anual de investigação: Instituto Indiano de Investigação de Leguminosas. pp. 19 (Não publicado).

Anónimo (2017). Relatório anual. Instituto Indiano de Investigação de Leguminosas, Kanpur. pp. 21 (Não publicado).

Anónimo (2016-17). Décimo quarto relatório anual. Universidade Agrícola de Sardarkrushinagar, Gujarat. pp. 34 (Não publicado).

Anónimo (2018). https://www.indiaagristat.eom/table/agriculturedata/2/agriculturalproduction/225/7270/data.aspx

*Atwal, A. S. (1976). Agricultural Pests of India and South East Asia. Kalyani Publishers, Ludhiana, pp. 207-272.

Agostinho, S. N. (2011). Dinâmica de assembleias de artrópodes no feijão-frade (*Vigna unguiculata* L. Walp.) num agro-ecossistema subtropical, África do Sul. *Jornal Africano de Investigação Agrícola*, **6**(4): 10091015.

Blass, I. e Blass, S. (1969). Unidade de gotejamento de irrigação e sistema de tubulação. U.S. Patent Office, Patente No.3, 420, 064 emitida a 7 de janeiro, Washington, D.C., Estados Unidos da América.

Bogle, O. e T. K. Hartz. 1986. Comparação da irrigação por gotejamento e por sulco na produção de melão. *Hort. Science* **21**: 242-244.

Baronio, C. A., Nondillo, A., Cunha, U. S. D. e Bottom, M. (2016). Efeito de insecticidas pulverizados nas folhas e aplicados via solo a *Aphis illinoisensis* Shimer, 1866 (Hemiptera: Aphididae) em videiras. *South African Journal of Enology and Viticulture*, **37** (1): 61-66.

Balikai, R. A e Mallapur C.P. 2015. Bioeficácia do cyazypyr 105 OD: Um novo inseticida diamida antranílico, contra os insectos pragas de pepinos e o seu impacto nos inimigos naturais e na cultura. *Journal of Experimental Zoology*. **18**(1): 89-96.

Bhalala, M. K., Patel, B. H., Patel, J. J., Bhatt, H. V. e Maghodia, A. B. (2006). Bioeficácia do Thiomethoxam 25 WG e de vários insecticidas recomendados contra o complexo de pragas sugadoras do quiabeiro (*Abelmoschus esculentus* L.). *Indian Journal of Entomology,* **68**(3): 293-295.

Bharpoda, T. M., Patel, N. B., Thumar, R. K., Bhatt, N. A., Ghetiya, L. V., Patel, H. C. e Borad, P. K. (2014). Avaliação de inseticidas contra pragas de insetos sugadores que infestam o algodão *Bt* BG-2. *The Bioscan*, **9**(3): 977-980.

Bhosale, B. B., Nishantha, K. M. D. W. P., Patange, N. R. e Kadam, D. R. (2009). Eficácia comparativa de insecticidas microbianos com a nova molécula inseticida E2Y45 contra o complexo de brocas de vagem do feijão-frade. *Pestology*, **33**(9):38-42.

Chander, S., D, S. e M, S. N. (2018). Dinâmica populacional de pragas de insetos em ervilha-de-angola de curta duração em relação aos parâmetros climáticos. *Jornal de Agrometeorologia*, **20** (3): 234-237.

Chaudhary, D. M., Chaudhary, M. M. e Chaudhary, F. K. (2018). Avaliação da nova formulação inseticida contra pragas sugadoras e efeito no rendimento da soja (*Glycine max* L.). *Revista Internacional de Microbiologia Atual e Ciências Aplicadas*, **7**(8): 38343840.

Chen, T., Dai, Y. J., Ding, J. F., Yuan, S. e Ni, J. P. (2008). N-desmetilação do inseticida neonicotinóide acetamipride pela bactéria *Stenotrophomonas maltophilia* CGMCC 1.1788. *Biodegradação*, **19** (5): 651-658.

*Colbey, L. S. e Steele, W. M. (1976). An Introduction to the Botany of Tropical Crops (Introdução à Botânica das Culturas Tropicais). Pp. 91-95 London: Longmans. 2ª Ed. [Fide: Jackai and Daust (1986) Ref-15].

Cordova, D., Benner, E. A., Sacher, M. D., Rauh, J. J., Sopa, J. S., Lahm, G. P., Selby, T. P., Stevenson, T. M., Flexner, L., Gutteridge, S., Rhoades, D. F., Wu, L., Smith, R. M. e Tao, Y. (2006). Diamida antranílica: uma nova classe de insecticidas com um novo modo de ação, a ativação do recetor de rianodina. *Pesticide Biochemistry and Physiology*. **84**: 196-214.

Dasberg, S. e D. Or. (1999). Irrigação por gotejamento. Springer-Verlag Berlin and Heidelberg GmbH and Co.K. 171 pp.

Eno, C.F. e Everett, P. N. (1958). Efeito das aplicações no solo de 10 insecticidas de hidrocarbonetos clorados nos microrganismos do solo e no crescimento de feijão valentine preto sem cordas. *Soil Science Society of America Proceedings,* **22**: 235-238.

Ezueh, M. I. (1982). Efeitos das datas de plantação na infestação de pragas, no rendimento e na qualidade da colheita do feijão-frade (*Vigna unguiculata*). *Experimental Agric.*, **18**: 311-318.

El-Defrawi, G. M. K., Azza Emam, Marzouk, I. A. e Rizkalla, L. (2000). Dinâmica populacional e distribuição sazonal de *Aphis craccivora* e inimigos naturais associados em relação à incidência de viroses em campos de fava. *Egyptian Journal of Agricultural Research*, **78**(2): 627-641.

El-Naggar, J. B. e Zidan, N. E. H. A. (2013). Avaliação de campo de imidaclopride e tiametoxame contra insetos sugadores e seus efeitos colaterais na fauna do solo. *Jornal de Pesquisa em Proteção de Plantas*. **53**: 375-387.

Faleiro, J. R. e Singh, K. M. (1985). Estudos de infestação de rendimento associados a insectos que infestam o feijão-frade, [*Vigna unguiculata* (L.) Walp.] em Deli. *Indian Journal of Entomology,* **47**(3): 287-291.

Faleiro, J. R., Singh, K. M. e Singh R. N. (1986). Complexo de pragas e sucessão de insectos no feijão-frade, *Vigna unguiculata* (L.) Walp. *Indian Journal of Entomology,* **48**(1): 54-61

Felsot, A., Ruppert, J. R. e Evans, R. G. (2002). Aplicação de insecticidas sistémicos de nova geração através de sistemas de irrigação por gotejamento: Estudo de caso com imidacloprid. Em Proceedings Research and Extension Regional Water Quality Conference (pp. 20-21).

Fox, J. E., Gulledge, J., Engelhaupt, E., Burow, M. E. e McLachlan, J. A. (2007). Os pesticidas reduzem a eficiência simbiótica dos rizóbios fixadores de azoto e das plantas hospedeiras. Proc. Natl. Acad. Sci. USA 104, 10282 - 10287

Gupta, G. P., Agnihotri, N. P., Sharma, K., Gajbhiye, V. T. e Sharma, K. (1998). Bioeficácia e resíduos de imidaclopride no algodão. *Pesticide Research Journal*, **10**(2): 149 -154.

Ghidiu, G., Kuhar, T., Palumbo, J. e Schuster, D. (2012). Quimigação por gotejamento de inseticidas como uma ferramenta de manejo de pragas na produção de vegetais. *Journal of Integrated Pest Management*, **3** (3): 1-5.

Ghidiu, G. M., Ward, D. L. e Rogers, G. S. (2009). Controlo da broca europeia do milho em pimentos com chlorantraniliprole aplicado através de um sistema de rega gota a gota. *J. Vegetable Science* **15**: 193-201.

Ghosal, A. e Chatterjee, M. L. 2013. Avaliação do imidaclopride 17.8 SL contra o jassid de brinjal, *Cestius phycitis*. *Journal of Entomological Reseach.* **37**(4): 319-323.

Haritha, B. (2008). Biologia e gestão de *Maruca vitrata* (Geyer) em feijão-frade. Tese de Mestrado (Agri.), apresentada à Acharya N. G. Ranga Agricultural University, Rajendranagar, Hyderabad.

Hosamani, A. C., Bheemanna, M., Vinod, S. K. e Rajesh, L. (2013). Bioeficácia de chlorantraniliprole 20 SC (Rynaxypyr) contra *Helicoverpa armigera* de grão-de-bico. *Jornal Indiano de Proteção das Plantas.* **41**(2): 178-179.

Horowitz, A. R. Mendelson, Z., Weintraub, P. G. e Ishaaya, (1998). Toxicidade comparativa da aplicação foliar e sistémica de acetamipride e imidaclopride contra a mosca branca do algodão, *Bemisia tabaci* (Hemiptera: Aleyrodidae). *Boletim Enotomol. Res.*, **88**(4): 437-442.

Kambrekar, D. N. (2018). Gestão da broca do caule da videira, *Celosterna scrabrator* com aplicação no solo de clorantraniliprole 0,4 GR. *Jornal Indiano de Entomologia*, **80**(3): 1041-1044.

Borad, P. K. e Thumar, R. K. (2019). Bioeficácia de diferentes inseticidas contra a broca da cápsula, *Dichocrosis Punctiferalis* Guenee infestando a mamona. *Jornal de Investigação das Universidades Agrícolas de Gujarat*, **44**(1).

Kumar, K., Rizvi, S. M. A. e Shamshad, A. (2004). Variação sazonal e varietal na população de mosca branca (*Bemisia tabaci*) e incidência do vírus do mosaico das nervuras amarelas em urd e mungbean. *Indian Journal of Entomology*, **66**(2): 155-158.

Kumar, S., Sundar, P., Gore, L., Singh, D. K. e Umrao, R. S. (2014). Bioeficácia de inseticidas e biopesticidas contra broca de vagem e jassídeos em feijão-caupi. *Anais das Ciências da Proteção das Plantas*, **22**(2): 264267.

Kotadia, V. S. e Bhalani, P. A. (1992). Toxicidade residual de alguns insecticidas contra *Aphis craccivora* Koch na cultura do feijão-frade. GAU *Research Journal*, **17**(2): 161-164.

Kodandaram, M. H., Rai, A. B., Sireesha, K. e Jaydeep, H. (2015). Eficácia do ciantraniliprole, um novo inseticida diamida antranílico, contra *Leucinodes orbonalis* (Lepidoptera: Crambidae) de brinjal. *Jornal de Biologia Ambiental*, **36**: 1415-1420.

Kaneria, D. N. (1994). Complexo de pragas da ervilha-de-angola, sua gestão através de datas de sementeira e variedades, controlo químico de *Helicoverpa armigera* (Hubner) Tese de Mestrado (Agri.), GAU. Sardarkrushinagar (Não publicado).

Khade, K. N., Undirwade, D. B., Tembhurne, R. D. e Lande, G. K. (2014). Manejo bioracional de pragas sugadoras de feijão-caupi, *Vigna sinensis* L. *Tendências em Biociência*, **7** (20): 3212-3217.

Kuhar, T. P., Doughty, H. B., Cassell, M., Wallingford, A. e Andrews, H. (2009). Controlo de larvas de Lepidópteros no tomateiro de outono através de sistemas de rega gota a gota. *In:*

Pesquisa de Manejo de Pragas de Artrópodes em Vegetais na Virgínia para 2009. Relatório VPI e SU Eastern Shore AREC **308**: 27-28.

Kumar (2018). Dinâmica populacional de *Bemisia tabaci* no quiabo. *Jornal Indiano de Entomologia*, **80**(3): 605-608.

Kulkarni, J. H., Sardeshpande, J. S. e Bagyaraj, D. J. (1974). Effect of foursoil-applied insecticides on symbiosis of *Rhizobium* spp. with *Arachis hypogaea* L. *Plant and Soil,* **40**: 169-172.

Lahm, G. P., Stevenson, T. M., Selby, T. P., Freudenberger, J. H., Cordova, D., Flexner, L., Belilin, C. A., Dubas, C. M., Smith, B. K., Hughes, K. A., Hollingshaus, J. G., Clark, C. E. e Benner, E. A. (2007). Rynaxypyr: Uma nova diamida antranílica inseticida que actua como um ativador potente e seletivo do recetor de rianodina. *Bioorganic and Medicinal Chemistry Letters,* **17**: 6274-6279.

Liu, K., Xu, J., Lin, S. T., Guan, Y. P., Lu, H. e Zhong, Y. H. (2010). Ensaio de insecticidas de campo contra o pulgão do feijão-frade (*Aphis craccivora)* e *Liriomyza sativae. China Vegetables,* **6**: 63-66.

Mansour, R., Youssfi, F., Lebdi, K. e Rezgui, S. (2010). Imidacloprid aplicado através de irrigação por gotejamento como uma nova alternativa promissora para controlar cochonilhas nas vinhas da Tunísia. *Jornal de pesquisa de proteção de plantas*, **50**(3): 315-319.

Mani, M. e Krishnamoorthy, A. (2007). Gestão bio-intensiva da mosca branca espiralada exótica, *Aleurodicus dispersus* Russell, na Índia. *Journal of Insect Science*, **20**(2): 129-142.

Mahalaxmi, M. S., Rao, C. V. R., Adinarayana, Babu, J. S. e Rao, Y. K. (2013). Avaliação de Coragen 20% SC (DPX-E2Y45) contra a broca de vagem de leguminosa, *Maruca vitrata* (Geyer) (Lepidoptera: Pyralidae) em blackgram. *Revista Internacional de Ciências Vegetais, Animais e Ambientais,* **3**(4): 51-54

Misra, H. P. (2015). Cyantraniliprole (Cyazypyr) - Um novo inseticida diamida antranílico contra a broca do tomate, *Helicoverpa armigera. Indian Journal of Plant Protection,* **43** (1): 1-5.

Misra, H. P. (2002). Avaliação no terreno de alguns insecticidas mais recentes contra afídeos (*Aphid gossypii*) e jassídeos (*Amrasca biguttula biguttula*) no quiabeiro. *Indian Journal of Entomology,* **64**(1): 80-84.

Mohanraj, A., Bharathi, K. e Rajavel, S. (2012). Avaliação de chlorantraniliprole 20% SC contra pragas de blackgram. *Pestology.* **36**(4): 39-43.

Nitharwal, M., Kumawar, K. C., Jat, S. L. e Meenu. (2013). Avaliação das perdas de rendimento infligidas por pragas de insectos sugadores no greengram *Vigna radiata* (Linn.) Wilczek em regiões semi-áridas do Rajastão. *Insect Environment*, **15**: 109-110.

Panduranga, R. G. S., Vijayalakshmi, K. e Loka, R. K. (2010). Avaliação de insecticidas para a gestão da doença de *Bemisia tabaci* e MYMV em mungbean [*Vigna radiata* (L.) Wilczek]. *Anais de Ciências da Proteção das Plantas*, **19**(2): 295-298.

Panickar, B. (2004). Bioecologia da broca da vagem manchada, *Maruca vitrata* (Fabricius), bioeficácia e estado residual de alguns insecticidas em relação ao complexo de pragas do feijão-frade. Tese de doutoramento, apresentada à GAU, Anand.

Parmar, K. D., Borad, P. K. e Rabari, D. H. (2005). Flutuação populacional de *Helicoverpa armigera* (Hubner) Hardwick na cultura do quiabo em relação aos parâmetros climáticos. *GAU Research Journal*, **30** (1-2): 56-59.

Patel, C. C. e Koshiya, D. J. (1999). Dinâmica populacional da broca da vagem da grama, *Helicoverpa armigera* (Hubner) Hardwick, no algodão, ervilha-de-angola e grão-de-bico.

GAU Research Journal, **24**(2): 62-67.

Patel, S. K., Patel, B. H., Korat, D. M. e Dabhi, M. R. (2010). Incidência sazonal das principais pragas de insectos do feijão-frade, *Vigna unguiculata* (Linn.) Walpers em relação aos parâmetros meteorológicos. *Karnataka Journal of Agricultural Sciences,* **23**(3): 497-499.

Pai, K. M. e Dhuri, A. V. (1991a). Incidência de pragas de insectos na variedade precoce de feijão-frade, *Vigna unquiculata* (L). Walp. *Indian Journal of Entomology*, **53**(2): 329-331.

Patel, U. G. (2000). Biologia de *Maruca vitrata* (Geyer), dinâmica populacional, seleção de variedades e controlo químico do complexo de insectos-praga do feijão-frade. Tese de doutoramento apresentada à GAU, Anand.

Patel. P. (2006). Dinâmica populacional, rastreio varietal e bioeficácia de novos insecticidas contra o complexo de pragas do feijão-frade e da biologia *Maruca vitrata* no feijão-frade e no feijão-da-índia. Tese de mestrado apresentada à NAU. Navsari.

Patel, S. K., Patel, B. H., Korat, D. M. e Dabhi, M. R. (2010). Incidência sazonal das principais pragas de insectos do feijão-frade, *Vigna unguiculata* (Linn.) Walpers, em relação aos parâmetros meteorológicos. *Karnataka Journal of Agricultural Science*, **23**(3): 497-499.

Prasad, N. V. V. S. D. e Rao, N. H. 2008. Avaliação no terreno de híbridos de algodão *Bt* contra o complexo de insectos pragas em condições de chuva. *Indian Journal of Entomology*, **70**(4): 330-336.

Pooja, K., Sharanabasappa, Shivanna, B. K., Nagarajappa, A. e Satish, K. M. (2019). Dinâmica populacional de Coccinellid, *Cheilomenes sexmaculata* (Fab.) no pulgão do feijão-caupi. *Jornal de Estudos de Entomologia e Zoologia*, **7**(2): 220-225.

Raheja, A. K. (1976). Avaliação das perdas causadas por pragas de insectos no feijão-frade no norte da Nigéria. *PANS.* **22**(2): 229-233.

Raghvendra Y, Mahantesh K, e Kathirvelu B. 2016. Bioeficácia do ciantraniliprole contra pragas de insectos de brinjal. *Jornal Internacional de Ciências Agrícolas* **8**: 1275-1279

Rachappa V, Chandra, S., Rajani, R., Patil, C. e Shetty, S. (2016). Dinâmica populacional e actividades parasitóides da broca de vagem manchada (*Maruca Vitrata*) em feijão-de-gato (*Cajanus Cajan*). *Avanços actuais em ciências agrícolas*, **8**(1), 100-102.

*Rachappa, V., Suhas, Y., Chandra, S. e Pampapath, G. (2014). Gestão de pragas de insetos de feijão-de-gato usando uma nova molécula de diamida antranílica. *Jornal de Zoologia Experimental,* **17**(2): 621626.

Sardhana, H. R. e Verma, S. (1986). Preliminary studies on the prevalence of insect pests and their natural enemies on cowpea crop in relation to weather factors at Delhi. *Indian Journal of Entomology*, **48**(4): 448-458.

Shaonpius, M. e Charanjit, K. G. (2010). Influência dos parâmetros meteorológicos na incidência do vírus do mosaico dourado do feijão-frade e do seu vetor, *Bemisia tabaci* (Gennadius). *Indian Journal of Entomology,* **72**(1): 79-83.

Shukla, N. P., Patel, G. M. e Patel, P. S. (2009). Sucessão de importantes pragas de insectos e inimigos naturais no feijão-frade. *Current biotica*, **3**(1): 52-58.

Shukla, N. P., Patel, G. M. e Patel, P. S. (201 1). Bionómica de *Maruca vitrata* Fabricius em feijão-frade e sua preferência de hospedeiro. *GAU Research Journal,* **36**(2): 120-124.

Sharma, S. R. e Singh, D. P. 2015. Estudos competitivos de insecticidas para o controlo de pragas sugadoras em urdbean em relação ao rendimento. *Revista Internacional de Proteção das Plantas,* **8**(2): 393-397.

Shreevani, G. N., Sreenivas, A. G., Bheemanna, M. e Hosamani, A. C. (2012). Estudos de toxicidade de neonicotinyls contra pragas sugadoras em algodão *Bt. Karnataka Journal of*

Agricultural Science, **25**(4): 540542.

Singh, C. (1983). Modern techniques of raising field crops. Oxford e IBH publishing Co., Nova Deli. 237-244 pp.

Singh, S. R. e Van Emden, H. F. (1979). Insect pests of grain legumes, *Annual Review of Entomology,* **24**: 255-278.

Simon-Delso, N., Amaral-Rogers, V., Belzunces, L. P., Bonmatin, J.M., Chagnon, M., Downs, C., Furlan, L., Gibbons, D. W., Giorio, C., Girolami, V., Goulson, D., Kreutzweiser, D. P., Krupke, C., Liess, M., Long, E., McField, M., Mineau, P., Mitchell, E. A. D., Morrissey, C. A., Noome, D. A., Pisa, L., Settele, J., Stark, J. D., Tapparo, A., Van Dyck, H., Van Praagh, J., Van der Sluijs, J. P., Whitehorn, P. R. e Wiemers, M. (2015). Inseticidas sistémicos (neonicotinóides e fipronil): tendências, utilizações, modo de ação e metabolitos. *Environmental Science and Pollution Research,* **22**: 534.

Srikanth, J. e Lakkundi, N. H. (1990). Flutuações sazonais da população do pulgão do feijão-frade *Aphis craccivora* Koch e dos seus coccinelídeos predadores. *Insect Science and Its Application,* **11**(1): 298-304.

Soratur, M., D, D. R. e Naik, S. M. 2017. Dinâmica populacional dos principais insetos-praga do feijão-caupi [*Vigna Unguiculata* L. Walp] e seus inimigos naturais. *Jornal de Estudos de Entomologia e Zoologia,* **5**(5): 1196-1200.

Subhash, C. e Singh, V. (2013). Efeito de diferentes datas de sementeira na incidência de *Helicoverpa armigera* no grão-de-bico. *Green Farming,* **4**(1): 125-126.

Swaroop, S.; Choudhary D. P. e Mathur, Y. S. (2004). Eficácia dos insecticidas contra a mosca branca (*Bemicia tabaci* Genn.) na malagueta *Capcicum annum* Linn. *Indian Journal of Entomology,* **66**(4): 316318.

Swath,i Y. K., Pandya, H. V., Patel, S. M., Patel, S. D. e Saiyad, M. M. (2015). Dinâmica populacional dos principais insetos-praga do feijão-caupi. *Revista Internacional de Proteção de Plantas,* **8**(1): 112-117.

Anandmurthy, T., Parmar, G. M. e Arvindarajan, G. (2018). Incidência sazonal das principais pragas sugadoras que infestam o feijão-caupi e sua relação com os parâmetros climáticos. *Revista Internacional de Proteção das Plantas,* **11**(1): 35-38.

Vaghasiya, U. R. (1989). Incidência sazonal das principais pragas de insectos em diferentes variedades de feijão-frade (*Vigna unguiculata*) e seu controlo químico. Tese de Mestrado (Agri.). Faculdade de Agricultura, GAU, S.K. Nagar.

Van Timmeren, S., Wise, J. C., VanderVoort, C. e Isaacs, R. (2011). Comparação de formulações foliares e de solo de insecticidas neonicotinóides para o controlo da cigarrinha da batata, *Empoasca fabae* (Homoptera: Cicadellidae), em uvas para vinho. Pest *management science,* **67** (5): 560-567.

Yadav, L. S. e Yadav, P. R. (1983). Complexo de pragas do feijão-frade (*Vigna sinensis*) em Haryana. *Bull. Ent.* **24**(1): 57-58.

*Original não visto

- 1 Dados meteorológicos registados durante o inquérito no verão de 2018

Mês	Semana	SMW	MAXT	MENTA	RIH	RH2	RF	PE	VP médio	BSS
março	iii	12	35.1	17.5	80.5	29.5	0	5	13.3	8.6
	iv	13	35.8	20.3	83.0	43.0	0	6	17.5	8.8
abril	i	14	35.9	20.4	86.4	42.4	0	6	18.0	8.6
	ii	15	35.0	21.9	92.8	57.4	0	6	22.3	9.4
	iii	16	37.0	23.0	84.3	38.6	0	6	19.5	9.9
	iv	17	36.1	21.9	88.5	51.4	0	6	21.3	11.1
maio	i	18	34.2	24.6	86.3	60.1	0	6	23.7	10.5
	ii	19	35.3	24.3	85.3	53.6	0	6	23.7	10.2
	iii	20	35.5	26.7	84.7	57.2	0	6	25.3	9.0
	iv	21	35.2	26.1	83.6	54.3	0	6	24.5	7.5
	V	22	35.2	26.7	90.3	66.4	2	6	27.6	7.7
junho	i	23	35.2	27.7	92.6	70.9	8.4	6	29.9	6.3
	ii	24	33.9	27.1	90.8	77.7	42	6	28.8	4.0

Printed by Books on Demand GmbH, Norderstedt / Germany